今日から使える微分方程式　普及版

例題で身につく理系の必須テクニック

飽本一裕　著

装幀／芦澤泰偉・児崎雅淑
カバーイラスト／中村純司
本文デザイン／齋藤ひさの（STUDIO BEAT）
本文イラスト／寺村秀二
本文図版／さくら工芸社

前 書 き

　本書は，高級リゾートホテルなみのサービスにあふれた**微分方程式の入門書**です。2006年に講談社から刊行した『今日から使える微分方程式』をブルーバックス用に作り直しました。微分方程式を初めて学ぶ方はもちろん，他の入門書が難し過ぎると感じた方にも向いています。内容はこれ以上ないほどやさしく丁寧に解説されており，何しろ微積分の復習からスタートするほどですから，本書は微積分のできない方にも向いています！

　各章の最初には目標が明示され，一歩一歩，ステップバイステップで，ビジュアルとともにゆっくり楽しみながら前進していきます。たとえば，いくつものクイズに答える形式で読者の興味を刺激しながら内容を解説します。数学的な難しさを可能な限り抑制するため，式の変形に関しても非常に丁寧に説明しています。ですから，式の導出でつまずくことはほぼ皆無でしょう。また，微分方程式がどの

ように応用されているかも随所に紹介しました。例題も多くの分野をカバーしています。さらに，読者が途中で落ちこぼれないよう，励ましやねぎらいの言葉まで出てきます（笑）。決して急がず，ほんの少しずつ積み上げていく形式で，最後には，ラプラス変換を利用して微分方程式を解いたり（第6章），非線形微分方程式を解いたり（第7章）するレベルまで到達します。

　本書はひょっとすると，世界一わかりやすい入門書かもしれません。優秀な読者の方にとっては，過保護と映るかもしれませんが……。著者としては，ちょっと革命的な本ではないかと思っています。

　何はともあれ，
　　ようこそ，素晴らしい微分方程式の世界へ！

平成30年7月

著者

『今日から使える微分方程式 普及版』

もくじ

前書き ……………………………………………………………… 3

第1章 座頭市の自由気ままな世界旅行 …… 9
微積分のおさらい

1.1 加速度を知り己を知る便利ツール,微分 …… 11

Column 1　ニュートンと微分法 …… 24

1.2 積分は変化の総決算——座頭市の位置は? …… 25

第2章 マルサスの今日からできる大予言 …… 37
癒し系1階微分方程式入門

2.1 ストレス解消,癒しの時間 …… 41

2.2 微分方程式の姓名判断 …… 44

Column 2　常微分方程式と偏微分方程式 …… 47

2.3 未来は100%予測できる!? …… 48

2.4 予言者入門——人口を予測しよう! …… 51

Column 3　ネズミ算とマルサス …… 58

2.5 世界最古の土器の年代は?
——放射性物質の崩壊と半減期 …… 59

2.6 電気のダム ── コンデンサーを含む電気回路 ……………… 65

2.7 ロケットが飛べば飛ぶほど？ …………………………………… 69

2.8 予言者入門パート2 ── 指数関数からの飛躍 ………………… 76

2.9 劇的変化を組み込もう ── ロジスティック微分方程式 …… 82

第3章 ロケットから水時計まで ガリレオ博士の超科学
1階微分方程式の一般化
……… 93

3.1 もっと自由を！── 1階微分方程式の一般化 ………………… 96

3.2 物理の定番, 加速運動への応用 ………………………………… 98

　　　Column 4　抵抗があると何が変わる？ …………………… 105

3.3 電気のダムに注水だ！── コンデンサー回路への応用 …… 106

3.4 1階非線形微分方程式に挑戦！ ………………………………… 113

3.5 とても便利な定数変化法にチャレンジ ………………………… 124

3.6 現実的なロケットのモデルを目指して ………………………… 127

第4章 変幻自在・ゆらゆらの振動と波動
初挑戦！ 2階線形微分方程式
……… 137

4.1 リゾート満喫, 癒しの時間 ………………………………………… 138

- **4.2** 食糧を落としてくれェ～！――運動方程式への応用 ····· 139
- **4.3** ここでも微分方程式？――香りの数学 ····· 142
- **4.4** 応用は催眠術？――単振動の微分方程式 ····· 147
- **4.5** 手に取るようにわかる？――電界中の電子の動き ····· 158
- **4.6** 運動会の棒倒し？　いえ，棒振り子 ····· 162
- **4.7** そういえば，なぜ電気が流れるのか？
  ――銅線中の電子分布 ····· 165
- **4.8** これでもコンピュータ？――アナログ電気回路 ····· 173

第5章　摩擦力と駆動力の不思議なコラボレーション ····· 179
2階非斉次微分方程式

- **5.1** はじめの一歩――今度はバネ振り子を吊り下げよう ····· 183
- **5.2** 現実への貴重なステップ――抵抗力の導入 ····· 186
- **5.3** プレゼントコーナー――自励振動の不思議な世界 ····· 199
- **5.4** 帝国の逆襲？
  ――吊り下げられたバネ振り子（アップグレード） ····· 203
- Column 5　共鳴（共振）が招いた一大事の例 ····· 215
- **5.5** 理想的な共鳴とは？ ····· 218

5.6 使える強制振動──人体, 自動車, 地震計まで ……… 223

5.7 自由自在に強制しよう？──RLC直列回路への応用 …… 226

第6章 天の助け！ 超簡単秘技を伝授 …… 231
ラプラス変換

6.1 ホワイトハウスを通り抜ける方法？ ……………………… 233

6.2 ホップ・ステップ・ジャンプ──3段階のラプラス変換 …… 235

6.3 心配ご無用, はじめてのラプラス変換 ………………… 238

6.4 電光石火だ！ どうしましょ？
　　──バネ振り子の場合 ……………………………………… 241

6.5 巨大隕石の下敷きだ!?
　　──RLC回路に突然直流電源を入れる ……………………… 248

6.6 天の助けの正体は？
　　──ラプラス変換とラプラス逆変換の定義 ………………… 253

第7章 明日への序章 …… 257
非線形微分方程式

索引 ……………………………………………………………… 265

第 1 章

座頭市の自由気ままな世界旅行

~微積分のおさらい~

目標 ── 微分と積分を自由自在に使えるように思い出そう。

学生「先生,微積分の勉強は難しそうなので,できるだけ避けたいんですけど,だめですか?」

先生「エーッ? ものすごいリクエストだねェ。これは微分方程式の授業だよ。微積分はその土台だからね」

学生「ビブンホウテイシキ? 間違って履修登録したかな?? その外国語,よくわかんないんですが」

先生「日本語です! 最近,シミュレーションという言葉をよく聞くようになったよね」

学生「あのォ,シュミレーションではありませんか?」

先生「いや,正しくはシミュレーション(simulation)。以前,シムシティというゲームがはやったよね。あれはシティ(都市)をシミュレーション(模擬実験)するという意味なんだよ。もう少し厳密に言うと,シミュシティ(模擬実験都市)だね。台風の進路予測などに代表される多くのシミュレーションでは,微分方程式を解いているんだよ」

学生「私は文系の環境学が専門なんで,微分方程式なんて使いそうにないんですけど……」

先生「オヤッ,君は文系だったの? この講義に間違えて登録してラッキーだったね。私は文系の学生さんたちからもよく微分方程式について質問されるんだよ。とくに経済学や環境学の学生さんたちからね!」

学生「仕方ないですゥ。じゃあ,できるだけやさしく教えてくださいネ」

先生「少なくとも,式の導き方がわからないとは言わせないよう,徹底的にやさしく導き方を説明するからね。底知れない面白さを秘めた微分方程式の世界をできるだけ楽しみましょう」

1.1
加速度を知り己(おのれ)を知る便利ツール, 微分

　さあ，まずは微積分のおさらいから始めましょう（微積分に絶対の自信がある読者は，本章を飛ばしてくれてもかまいません）。ここで実感してほしいことは一つ，<u>微分とは変化をとらえて拡大する虫めがねだということ</u>です。どういうことか，まずはおとぎ話で見ていきましょう。

座頭市の登場

　ある日，日本映画のスーパーヒーロー座頭市(ざとういち)が，唐突に世界旅行を思い立ちました。彼は時代考証を完全に無視してパスポートを取得後，ジェット機に乗るためさっさと一人で出かけてしまいます。

　当然，旅の途中ではさまざまな乗り物を利用します。徒歩，駕籠(かご)，馬，バス，電車，そしてジェット機……。こうした移動中，座頭市は目が見えないなりに，

- **速度**……自分はどのくらいの速さで動いているのか
- **位置**……自分は出発地点からどのくらい進んだのか

を知りたいと考えました。

　座頭市は剣の達人なので，自分の徒歩や馬などの速さは当然熟知していますが，問題はジェット機のような乗り物に乗っているときの速度や位置です。等速度運動をする乗り物の中で，もしも他の情報がすべてシャットアウトされているとすると，自分が静止しているのか運動しているのか，原理

的に区別がつかないからです！（新幹線などに乗って居眠りから目覚めると，動いているのか止まっているのか一瞬わからないことがありますね。）このような状況下で，座頭市は自分の乗っているジェット機の速度を知ることができるでしょうか？

実は，面白いことに，体感的に微積分ができれば，こうした速度や位置がわかるのです。一体全体どういうことでしょう？

ヒントになるのが，力と加速度の関係です。乗り物が静止状態から加速するとき，座頭市は力を感じます。彼の身体も加速されるからです。たとえば，飛行機の進行方向に向いて座っていると，飛行機が加速した瞬間に身体が後ろ向きに押されますね。バスが急停車すれば，身体が前につんのめります。加速が大きければ，身体に加わる力もまた大きいですね。

 質量 m の物体に加わる力 F と加速度 a の関係は，ニュートンの運動の第 2 法則によって，$F = ma$ と表されます。

このように，身体が受ける力を介して，座頭市は乗り物の加速度を体感的に把握できます．ふつうの人よりも，はるかに鋭敏に……．

加速度で未来を予言する

ところで，今まで定義もせずに使ってしまいましたが，座頭市が感じる**加速度**とは何でしょう？ 加速度を一言でいうなら，「速度が時間的に変化する割合（速度の時間変化率）」です．速度が時間変化しないならば（等速度運動ならば），加速度は当然ゼロです．

ある時刻 t での速度を $v(t)$ とし，時刻 t からわずかな時間 Δt が経過した時刻 $t + \Delta t$ での速度を $v(t + \Delta t)$ と書きます．すると，この間の速度変化は，変化後の速度から変化前の速度を引いたものですから

$$v(t + \Delta t) - v(t)$$

となります．<u>加速度とは，時間 Δt の間に平均してどのくらいの速度変化が起こったかを表す量</u>といえますので，速度変化を時間 Δt で割りましょう．

$$\bar{a} = \frac{v(t + \Delta t) - v(t)}{\Delta t} \tag{1.1}$$

これが，時刻 t から $t + \Delta t$ までの時間間隔 Δt に生じる速度変化の割合で，**平均加速度** $\bar{a}$ の定義といえます．式 (1.1) の両辺に時間 Δt をかけて整理すると，

$$v(t + \Delta t) = v(t) + \bar{a}\Delta t$$

となります．ここには，大きな加速が長く続けば，乗り物の

速度が大きくなる可能性，そして現在の速度と加速度から，未来の位置や速度までも予測できる可能性が示唆されています。

しかしながら，速度や加速度は瞬間瞬間に変化すると考えるのが自然です。時刻 t での瞬間的な加速度は，どうやって求めればよいのでしょうか？ そのためには，上記の時間間隔 Δt を無限小にする極限をとればいいのです。「瞬間」とは，時間間隔がとても短い（ゼロに限りなく近い）ことの数学的表現だからです。式で表せば，次のようになります。

$$a(t) = \lim_{\Delta t \to 0} \frac{v(t + \Delta t) - v(t)}{\Delta t} \tag{1.2}$$

ここで，"lim" は limit（極限）の略号です。これが時刻 t での**瞬間加速度** $a(t)$ の定義で，今後何度も登場します。

いくら座頭市でも，瞬間加速度はわかりません。瞬間加速度は時間 $\Delta t \to 0$ の極限で定義されていますが，一方，人間の感覚には限界がありますから，そんな数学的な極限で反応できるはずがありませんね。達人である彼が刻々と感じているのは，人間の体感機能ぎりぎりまで短縮された時間間隔 Δt における平均加速度なのです。

核心にせまろう──微分の定義

速度を変えるには加速度が必要です。速度の変化を知るにはどうすればよいでしょう？ ここで「微分」の登場です。微分とは変化をとらえて拡大する虫めがねなのです。微分を使うと，物理量の変化が手に取るようにわかります。

ところで，上の加速度の定義式 (1.2) に見覚えがないでしょうか？ これこそが微分の定義式なのです。見覚えがな

い？ 見覚えがない方のために**微分**の定義式を書きましょう。$f(x)$ を x について連続に変化する関数とします。$f(x)$ を x で微分するとは,次式の計算をおこなうことです。

$$\frac{\mathrm{d}f(x)}{\mathrm{d}x} = \lim_{\Delta x \to 0} \frac{f(x + \Delta x) - f(x)}{\Delta x} \tag{1.3}$$

思い出しました？ 「微分」とは,関数 f の微小変化を x の微小変化 Δx で割ったもの,という意味です。$f(x)$ を微分することで導かれた新たな関数 $\frac{\mathrm{d}f(x)}{\mathrm{d}x}$ を,$f(x)$ の x に関する**導関数**といいます。この式と,加速度の式は酷似していますね。現に,瞬間加速度 $a(t)$ は微分を使えば,

$$a(t) = \lim_{\Delta t \to 0} \frac{v(t + \Delta t) - v(t)}{\Delta t} = \frac{\mathrm{d}v(t)}{\mathrm{d}t} \tag{1.4}$$

と,速度の微分としてごく簡単に表されることがわかります。

> 本来ならば,微小時間内に起こった速度変化 $v(t + \Delta t) - v(t)$ を考えたいのですが,そのままでは小さすぎるので,微小時間 Δt で割ることにします。小さい数で割ると,結果が大きい数になって扱いやすいからです。
>
> 微分が「変化をとらえて拡大する虫めがね」であるとは,こういう意味です。どの時刻の微小な変化も,微分することで把握できます。微小時間内の速度変化を虫めがねのように拡大し,変化率に直したものが加速度にほかならないのです。

同様に,時刻 t における座頭市の速度を $v(t)$,位置を $x(t)$ と書けば,$v(t)$ は

$$v(t) = \lim_{\Delta t \to 0} \frac{x(t + \Delta t) - x(t)}{\Delta t} = \frac{\mathrm{d}x(t)}{\mathrm{d}t} \tag{1.5}$$

と表されます。

いうならば、速度と加速度は対応していて、同様に位置と速度も対応しています。位置の時間的な変化の割合、つまり位置の時間変化率が速度ですね。そういうわけで、加速度さえわかれば、座頭市には速度ばかりか現在位置までわかるのです。さらに面白いことには、速度ないし加速度の値が予測されていれば、未来の位置まで予言できることになります。

なお、微分したもの（導関数）をもう1回微分すると、また新たな導関数が生まれるでしょう。これを **2 階導関数** といいます（微分をした回数を表すには階という字を使います。2回導関数は誤字です）。2階導関数は、ふつうの導関数を $\frac{\mathrm{d}f(x)}{\mathrm{d}x}$ と書くのに従って

$$\frac{\mathrm{d}\left(\frac{\mathrm{d}f(x)}{\mathrm{d}x}\right)}{\mathrm{d}x}$$

のように書いても決して間違いではありませんが、見た目にややこしいですね。そこで通常、2階導関数は

$$\frac{\mathrm{d}^2 f(x)}{\mathrm{d}x^2}$$

と表記します（もちろん、この2という数を一般の数 n に拡張した「n 階導関数」、すなわち $\frac{\mathrm{d}^n f}{\mathrm{d}x^n}$ もあります）。

この2階導関数の記法を用いると、加速度 a は位置 x の時間 t に関する2階導関数として、

$$a(t) = \frac{\mathrm{d}v(t)}{\mathrm{d}t} = \frac{\mathrm{d}^2 x(t)}{\mathrm{d}t^2} \tag{1.6}$$

と書けますね。この式は後でまた出てくるので、よく覚えておいてください。

微分はやはり虫めがね

念のために復習です。式 (1.3) の $f(x)$ は点 x での関数値を表します。すると，点 x から微小区間 Δx だけ離れた点 $x + \Delta x$ での関数値は $f(x + \Delta x)$ と書けますね。Δx は，x に比べてはるかに小さい（$x \gg \Delta x$）と仮定しておきます。

すると，この関数は点 x から点 $x + \Delta x$ までの区間において $f(x + \Delta x) - f(x)$ だけ変化するので，図 1-1 に示されているように，微小変化 Δx で割ります。

$$\frac{\Delta f(x)}{\Delta x} = \frac{f(x + \Delta x) - f(x)}{\Delta x} \tag{1.7}$$

これで関数 $f(x)$ の変化が拡大されました。式 (1.7) が，この区間での $f(x)$ の**平均変化率**です。式 (1.7) を関数 $f(x)$ の点 x における**差分**といいます（図 1-1 参照）。

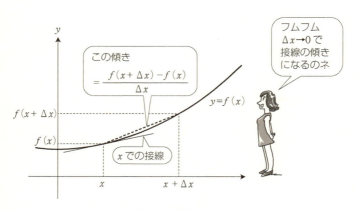

図 1-1　微分とは？

ここで $\Delta x \to 0$ とすると，差分の定義式 (1.7) は微分の定義式 (1.3) に一致します。式 (1.3) は関数 $f(x)$ の点 x における変化率を表します。微分して得た変化率は，点 x 付近での $f(x)$ の変化を拡大したものです。それが，関数 $f(x)$ の点 x における微分の意味（関数 $f(x)$ の x における傾き）なのです（図 1-1 参照）。すなわち，

$$\frac{\mathrm{d}f(x)}{\mathrm{d}x} = \lim_{\Delta x \to 0} \frac{\Delta f(x)}{\Delta x} = \lim_{\Delta x \to 0} \frac{f(x + \Delta x) - f(x)}{\Delta x} \tag{1.8}$$

となります。これが微分という「変化を拡大する虫めがね」のメカニズムです。これで記憶も完全に回復したことでしょう。

加速度の場合もそうでしたが，物理などの理工系分野でよく使われる変数に時間 "t" があります。しばしば位置や速度も t の関数になります。t の関数を微分したいときには，上記の変数 x を t に置き換えればよいのです。

なぜ微分記号に "d" を使うのでしょう？

微分の小手調べ

ここで，簡単な例題に挑戦してみましょう。微分の定義がきちんと身についているか，の確認です。

第 1 章 座頭市の自由気ままな世界旅行

\ナットク/ の例題 1-1

次の関数 $f(x)$ を，式 (1.3) の定義に沿って，x について微分してみましょう。

(1) $f(x) = x^2$
(2) $f(x) = \cos x$

【 答え 】定義に沿って微分せよというのは，与えられた関数を定義式に素直に代入せよという意味です。

(1) まず，式 (1.3) の右辺に含まれる差分を求めます。右辺の分子の第 1 項は

$$f(x + \Delta x) = (x + \Delta x)^2 = x^2 + 2x \cdot \Delta x + (\Delta x)^2$$

なので，$f(x + \Delta x)$ と $f(x)$ の差をとると，次のようになります。

$$\begin{aligned} f(x + \Delta x) - f(x) &= x^2 + 2x \cdot \Delta x + (\Delta x)^2 - x^2 \\ &= 2x \cdot \Delta x + (\Delta x)^2 \end{aligned}$$

次に，式 (1.3) で示されるように，上記を Δx で割ると

$$\frac{f(x + \Delta x) - f(x)}{\Delta x} = 2x + \Delta x$$

になります。$\Delta x \to 0$ の極限をとると，右辺第 2 項は無視できます。

結局，式 (1.3) から，導関数

$$\frac{\mathrm{d}\left(x^2\right)}{\mathrm{d}x} = 2x$$

が導かれました。

(2) 同じく微分の定義式によって、次のようになります。

$$f(x + \Delta x) = \cos(x + \Delta x)$$
$$= \cos x \cos(\Delta x) - \sin x \sin(\Delta x)$$
$$\approx \cos x - (\sin x) \Delta x$$

ここで、$\approx$ という記号は $\fallingdotseq$ と同じように、左の数が右の数とだいたい等しいことを意味します。$\approx$ のほうがなんとなく専門的でカッコイイので、好まれます。

 上の (2) の式変形では、三角関数の加法定理 $\cos(\alpha + \beta) = \cos\alpha\cos\beta - \sin\alpha\sin\beta$ を使いました。

また、Δx が充分小さいとき ($-1 \ll \Delta x \ll 1$)、近似的に $\cos(\Delta x) \approx \cos 0 \approx 1$ そして $\sin(\Delta x) \approx \Delta x$ となることを利用しました。これらの近似は他のいろいろな科目でもしばしば使用されるので、ぜひ記憶してください。

すると、$f(x + \Delta x) - f(x) = -(\sin x)\Delta x$ が得られるので、式 (1.3) から

$$\frac{\mathrm{d}}{\mathrm{d}x}\cos x = -\sin x$$

となることがわかります。

図 1-2 は $\cos x$ とその微分である $-\sin x$ をプロットしたものです。$x = 0$ での $\cos x$ の傾きは 0 ですが、その値は $-\sin(0) = 0$ によって与えられます。$x = \pi/2$ や π でも同様であることがわかります。

ところで、例題からお察しのとおり、いちいち微分の定義

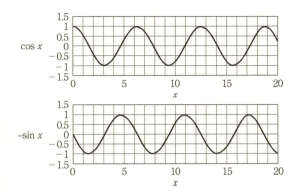

図 1-2 $\cos x$ の傾きがその微分 ($-\sin x$)

式から真正直に導関数を求めるのは，手間がかかります．実用上は，主な関数の微分結果を公式としてまとめた表を参照するほうがずっと便利です．

表 1-1 は，左側の関数を微分すると，右側の関数になることを示しています．また（次節を先取りする形になりますが），右側の関数を積分した結果は，左側の関数＋積分定数になります．微分と積分は，表裏一体です．

表 1-1　さまざまな関数の微分形

もとの関数	微分形	
c（定数）	0	①
x^n	nx^{n-1}	②
$\dfrac{1}{x}$（上で $n = -1$ のとき）	$-\dfrac{1}{x^2}$	③
$\cos x$	$-\sin x$	④
$\sin x$	$\cos x$	⑤
$\tan x$	$\dfrac{1}{\cos^2 x}$	⑥
e^{kx}（k は定数）	ke^{kx}	⑦
$\log_e x\,(= \ln x)$	$\dfrac{1}{x}$	⑧
$e^{f(x)}$	$\dfrac{\mathrm{d}f(x)}{\mathrm{d}x}e^{f(x)}$	⑨
$f(x)g(x)$（積の微分）	$\dfrac{\mathrm{d}f(x)}{\mathrm{d}x}g(x) + f(x)\dfrac{\mathrm{d}g(x)}{\mathrm{d}x}$	⑩

先生「さて，君が車に乗っていると仮定しよう。その車の位置は，ある基準点から x メートルだとすると，車の速度はどう表されるかな？」

学生「先生，その車はどんな車ですか？ レンタカー？ それとも火の車？」

先生「霊柩車です。オット，これは変な冗談に対する悪い冗談でした」

学生「怖い反撃ですねェ。ところで，ひょっとして微分を使うんですか？」

先生「そう，そのとおり」

学生「…………」
先生「ヒントをあげよう。位置 x から少しだけ離れた位置 $x + \Delta x$ まで動くのに,時間 Δt かかるとすると?」
学生「ウーン,平均速度は『動いた距離 ÷ 時間』でしたよね。動いた距離は Δx で……,エーット,時間が Δt だから,$\Delta x/\Delta t$ ですかァ?」
先生「ご名答! 時間 Δt をゼロにする極限では?」
学生「アッ,そうかァ,速度って単に $\mathrm{d}x/\mathrm{d}t$ なんだァ」
先生「そうだね! 前述したように,速度

$$v = \frac{\mathrm{d}x}{\mathrm{d}t} \tag{1.9}$$

です。要するに,速度とは距離または位置の時間的な変化の割合です。これからよく利用する式なので,よく覚えておいてね。速度がわかれば位置もわかるよね。それでは加速度は?」
学生「加速度は,さっき習ったように,速度の時間的な変化の割合だから $\mathrm{d}v/\mathrm{d}t$ ですね!」
先生「君も成長したねェ」
学生「良い学生をもてて教師冥利に尽きるでしょ?」
先生「まだそこまでは言えません」
学生「でも先生,これまで速度を微分して加速度を求めましたけど,座頭市の目的は,もともと自分の速度や位置を知ることでしたよね? 座頭市には自分の加速度だけしかわからないんでしょう? その状態で,速度や位置はどうすればわかるんですか?」
先生「そう,それを可能にするのが積分です。それは次節のお楽しみとしましょう。その前に,次のコラムを楽しんでね!」

Column 1
ニュートンと微分法

イギリスの物理学者・数学者ニュートン（1642〜1727）は，全ヨーロッパを襲った伝染病ペストから避難するため，勤務先のケンブリッジ大学を離れて帰郷し，1665〜1667年の間そこで過ごしました。驚くべきことに，彼の有名な3大発見，「万有引力の法則」，「光のスペクトル分解」，そして「微積分法」は，すべてこの長期帰省の期間に生まれたのです。

ところで，ニュートンは関数のことを，変動する量という意味を込めて「流量」とよびました。また関数の変化率，つまり導関数のことを，変動する量の割合という意味で「流率」と名付けました。ニュートンは1665年の秋に，流率を求める方法である流率法（現代でいう微分法）を発見しました。日本ではこのとき，まだ江戸時代初期です。さらに，流率法の発見のわずか6ヵ月後には，積分法に相当する「逆流率法」を発見しています。

ニュートンによるこれら微積分法の発見は，後述するライプニッツよりも実におよそ20年も先んじていたのですが，ニュートンは以後40年間もその発表を怠ってしまいました。ニュートンは特にのんびりしていたのでしょう。

一方，ニュートンより4歳年下であるドイツの数学者ライプニッツ（1646〜1716）も，自力で1684年に微分法を，1686年に積分法を発見しました。このため，のちに発見の先取権をめぐって両者の間で激烈な論争が起こったことは有名です。

ところで，微分の重要な概念である導関数と，積分の重要な概念である区分求積は，日本の天才的数学者（和算学者）の関孝和（1642?〜1708：ニュートンとほぼ同年齢!?）もまた，ニュート

第 1 章　座頭市の自由気ままな世界旅行

ニュートン	ライプニッツ	関 孝和

（左：UIG/PPS 通信社，中央：alamy/PPS 通信社，右：ウィキメディア・コモンズより）

ンとライプニッツという西洋の巨人とは独立に発見しています。発見の年代について，はっきりしたことはわかりませんが，ほぼ同時期であることは間違いないところです。

1.2
積分は変化の総決算

座頭市の位置は？

　さて，せっかく高い旅費を払ってたどり着いた目的地。機内放送を聞けば明らかなのですが，そこは誇り高き座頭の市さん，人の助けを借りずして自分の感覚だけから現在位置を知りたいところです。どうすればいいのでしょう？

　前節では，速度を微分すると加速度になるという関係を確認しました。さらに，位置を微分すると速度になることも思い出しました。もし微分の逆のプロセスがあれば，加速度から速度を割り出し，速度から位置が出せますね？　そこで役

立つのが「積分」です！

微分と積分の間柄

　積分は，微分の逆プロセスです。それ以外の何ものでもありません。足し算に対する引き算，掛け算に対する割り算のようなものです。
「関数 $f(x)$ を x で積分しなさい」という問いかけは，「x で微分したときに $f(x)$ になるような関数を求めなさい」というのと同じ意味なのです。小学校で習った「10 から 2 を引きなさい」という引き算は，「2 を足したときに 10 になるような数を求めなさい」という問題に等しいですね。

　ある関数 $f(x)$ を x で積分することを意味する式は，

$$\int f(x)\mathrm{d}x$$

と表記します。$f(x)$ を記号 $\int$ と $\mathrm{d}x$ で挟むだけです。そして，関数 $f(x)$ を積分した結果を表すのに，しばしば $F(x)$ という文字が用いられます。つまり，

$$\int f(x)\mathrm{d}x = F(x) + C \quad (C \text{ は定数}) \tag{1.10}$$

と一般的に書くことができます。積分を行うと C という定数が突然現れますが，この C を**積分定数**といいます（積分定数のことを**任意定数**とよぶ書物もあります）。C を書き忘れないようにしましょう。

> 積分はもともと，微分すると $f(x)$ になるような関数を求めよ，という問いかけでした。したがって，「微分するとゼロになるような関数」というものがあるならば，積分した結果には

それを加えておく必要があります。

微分するとゼロになるような関数とは，すなわち定数（どんな値でもよい）のことです。どんな値も積分結果において候補になりうるという性質を，文字定数 C で表現することになっています。

すると，関数 $f(x)$ の導関数の積分は

$$\int \left\{\frac{\mathrm{d}f(x)}{\mathrm{d}x}\right\} \mathrm{d}x = f(x) + C \quad (C \text{ は積分定数})$$

で，積分は微分の逆プロセスになっていることもわかります。ある数を足して引けばもとに戻るのと同様に，ある関数を微分して積分するともとの関数に戻るわけです（ただし積分定数が入ってくるので，完全に往復ができるわけではありません）。

加速度を積分すると？

座頭市の世界旅行に戻りましょう。座頭市は，乗り物の中で自分の感じる力から，時々刻々変化する加速度を完全に測定することができるとします。つまり，加速度 $a(t)$ が既知です。

一方，加速度とはそもそも，速度 $v(t)$ の時間 t についての導関数 $\frac{\mathrm{d}v(t)}{\mathrm{d}t}$ でした。したがって速度を知るためには，加速度を時間で積分すればよいのです。

$$\begin{aligned}\int a(t)\mathrm{d}t &= \int \frac{\mathrm{d}v(t)}{\mathrm{d}t}\mathrm{d}t \\ &= \int \mathrm{d}v = v(t) + C \quad (C \text{ は積分定数})\end{aligned}$$

では、時間の関数である座頭市の速度 $v(t)$ を時間 t で積分すると、何になるでしょう？　もうおわかりですね。

$$\int v(t)\mathrm{d}t = \int \frac{\mathrm{d}x(t)}{\mathrm{d}t}\mathrm{d}t$$
$$= \int \mathrm{d}x = x(t) + C \quad (C \text{ は積分定数})$$

そう、移動距離 $x(t)$ が得られます。

＼ナットク／ の例題 1-2

次の関数 $f(x)$ を、x について積分しましょう。

(1)　$f(x) = x$
(2)　$f(x) = \sin x$

【 答え 】積分の手順は 2 つ、「微分するとその関数 $f(x)$ になる関数を探すこと」と「それに積分定数 C を足すこと」です。

(1)　表 1-1 を見れば、$\frac{1}{2}x^2$ を微分すると x になることがわかります。したがって、それに積分定数 C を足せば、

$$\int x \mathrm{d}x = \frac{1}{2}x^2 + C$$

となります。

(2)　表 1-1 を見れば、$\cos x$ を微分すると $-\sin x$ になることがわかります。このままでは $\sin x$ になりませんから、もとの関数に負号を付けた $-\cos x$ に積分定数 C を足した

$$\int \sin x \mathrm{d}x = -\cos x + C$$

表 1-2 さまざまな関数の積分形

もとの関数	積分形	
0	C	①
x^n	$\dfrac{1}{n+1}x^{n+1}+C$	②
$\dfrac{1}{x^2}$ （上で $n=-2$ のとき）	$-\dfrac{1}{x}+C$	③
$\cos x$	$\sin x + C$	④
$\sin x$	$-\cos x + C$	⑤
$\dfrac{1}{\cos^2 x}$	$\tan x + C$	⑥
e^{kx}	$\dfrac{1}{k}e^{kx}+C$	⑦
$\dfrac{1}{x}$	$\log_e x + C$	⑧

が答えになります。

　これらはごく簡単な問題でしたが，積分するときにいちいち「微分すると $f(x)$ になるような関数を探す」のは，これまた手間です。積分に関しても，着目する被積分関数とその積分結果とを公式として表 1-2 にまとめました。積分する際には，この表を参照するのがいいでしょう。

積分って何？ そして何の役に立つの？

　さて，ある関数の微分はその関数の「変化率」を表すことを学習しましたが，ある関数の積分はいったい何を表すのでしょう？

さて、記号 $\int$ と $\mathrm{d}x$ とで関数 $f(x)$ を挟むことが積分であるといいましたが、これは数学記号の形式的な操作にすぎません。積分とは、具体的にはどういうことなのでしょう？ その意味をより深く探るために、積分のさらに根本的な定義を見てみることにします。

ある関数 $f(x)$ の、区間 $a \leq x \leq b$ での**定積分**は、積分記号 $\int$ の右足と右肩に a と b を書き足して表記されます。また、その定義は次式のとおりです。

$$\int_a^b f(x)\mathrm{d}x = \lim_{\Delta x \to 0} \sum_{i=0}^{n-1} f(a + i\Delta x)\, \Delta x \qquad (1.11)$$

右辺の Δx とは、a から b までの区間を n 個に等分してできる小区間の幅です。よって、$b = a + n\Delta x$ となります。

積分の定義式は $f(x) > 0$ のとき、次のように理解できます。図 1-3 に示されているように、関数 $f(x)$ が位置 x にお

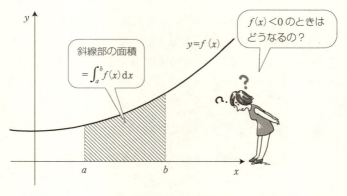

図 1-3 積分とは？

ける長さとか高さを表します。$f(x)$ の区間 $a \leq x \leq b$ における定積分は，曲線 $y = f(x)$，直線 $x = a$, $x = b$, そして x 軸に囲まれた領域の面積です。

一方，$f(x) < 0$ のときは，この積分は負の数，つまり「面積 $\times (-1)$」を与えます。$f(x)$ が積分区間で正負両方の値をとるときには，積分結果は正の面積と負の面積の差となります。正の面積のほうが多いときは正になり，負の面積のほうが広いときには負になるのです。

つまり，積分により正負の面積が「積算」されることになります。積分は総決算の道具といえるでしょう。

なお，積分区間を決めた定積分とは対照的に，式 (1.10) で表した積分は**不定積分**とよばれます。積分区間を決めていないから「不定」なのです。

学生「さっきの式 (1.11) は複雑すぎてわかりません。そもそも，このタツノオトシゴみたいな積分記号 $\int$ の由来は何ですか？」

先生「これは，アルファベットの "S" を上下に引き伸ばしたものなんだよ」

学生「フーン，そういわれれば，そんな形してますねェ。けどなぜ，P とか Q じゃなくて，S なんですか？」

先生「ウン，いい質問だね。定義式の右辺に和の記号 $\sum$（総和記号）があるでしょう。和のことを英語で "Sum" というよね。積分は近似的には，関数 $f(x)$ と Δx の積の「和」だから S なんだよ。ちなみに和の記号 $\sum$ はギリシャ語で，英語の S に対応する大文字だし，$\sum$ を実際 "summation" とも読むんだよ」

学生「なんで，$f(x)$ と Δx の積の和を計算するんですか？」

先生「関数 $y = f(x)$ と x 軸の間の面積が積分の意味だったね。その面積を縦（y 軸と平行）に幅 Δx で区切ると，縦長の長方形がたくさんできるよね。それぞれの位置 x で，長方形の高さが $f(x)$ で幅が Δx だね。それらの長方形の面積の和が $\sum_{i=0}^{n-1} f(a + i\Delta x) \Delta x$ で，幅を無限小にした極限でその和が積分になるんだよ。そもそも『積分する』という意味の英語 "integrate" という単語には，『まとめる』とか『統合する』という意味があるからね」

学生「なるほど！ それがわかると，式 (1.11) の左辺と右辺が等しいことがやっと納得できました！」

村を積分すると？

たとえば，区間 $a \leq x \leq b$ に，1 次元の村があるとします。この村は n 個の区画に分割されています。そして，関数 $f(x)$ は位置 x にある区画に居住する村民数を表すとします（位置 x における人口密度と思ってもいいでしょう）。すると，式 (1.11) の定積分は，すべての区画に住む村民数，つまり，この村の総人口を与えます。

さて，最近は「男余り」（男性人口が女性人口よりも際立って多い）の時代だという説が一部でささやかれていますが，この村でその説を検証するにはどうすればよいでしょう？ 男性人口を $f_1(x)$（位置 x の区画に住んでいる男性の数），女性人口を同じように $f_2(x)$ とおいたとき，

$$\int_a^b \{f_1(x) - f_2(x)\} \, \mathrm{d}x$$

という積分が何を表すか考えてみてください。総人口ではありませんね。これが男女の人口差を表します。男女同数ならゼロに，男性のほうが多ければ正の値に，女性のほうが多ければ負の値になります。

\ナットク/ の例題 1-3

区間 $0 \leq x \leq \pi/4$ (km) に広がった 1 次元の村に住んでいる男性の分布を $f_1(x) = 2\sin x\,(1 + \cos x)$，女性の分布を $f_2(x) = 2\sin x$ と仮定します（単位は 100 人とします）。この村に住んでいる男女の人口差を求めましょう。

【 答え 】 位置 x における男女の人口差 $f_1(x) - f_2(x)$ を求めてみると，

$$f_1(x) - f_2(x) = 2\sin x\,(1 + \cos x) - 2\sin x$$
$$= 2\sin x + 2\sin x \cos x - 2\sin x$$
$$= 2\sin x \cos x = \sin 2x$$

となります（加法定理により $2\sin x \cos x = \sin 2x$）。この問題は要するに，関数 $\sin 2x$ を区間 $0 \leq x \leq \pi/4$ で定積分せよ，ということになります。

$$\int_0^{\pi/4} \sin 2x \, \mathrm{d}x$$

ここで表 1-2 を見ると，$\sin 2x$ の積分形は $-(\cos 2x)/2$ であることがわかります。よって，

$$\int_0^{\pi/4} \sin 2x \, \mathrm{d}x = \left[-\frac{1}{2} \cos 2x \right]_0^{\pi/4}$$
$$= \frac{1}{2} \left(-\cos \frac{2\pi}{4} + \cos 0 \right)$$
$$= \frac{1}{2} \left(-\cos \frac{\pi}{2} + \cos 0 \right)$$
$$= \frac{1}{2} (0+1) = \frac{1}{2}$$

となります。単位は 100 人と仮定しましたから，差が $1/2 = 0.5$ ということは，男性のほうが女性よりも 50 人多いと結論できます。この村はどうやら「男余り」のようです。

この定積分自体は，関数 $\sin 2x$ と x 軸の間の面積が区間 $0 \leq x \leq \pi/4 \approx 0.8$ では $1/2 = 0.5$ になることを示しています。図 1-4 は $\sin 2x$ をプロットしたもので，x 軸には 0.05 刻み，y 軸には 0.1 刻みで目盛りを加えてあります。定積分

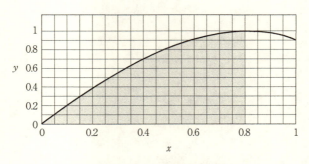

図 1-4 $y = \sin 2x$ を積分すると？

の区間内にあるマス目を実際に数えると約 101 個あります。そして，各マス目の面積は $0.05 \times 0.1 = 0.005$ なので，曲線と x 軸の囲む面積は実際に約 0.51 となり，定積分により得られた 0.5 によく一致することがわかります（なお，誤差は $\pi/4$ を厳密な $0.785\cdots\cdots$ ではなく 0.8 と大きめに近似したこと等が原因です）。

私たちの暮らしに生きる座頭市

さて，積分が横軸と関数とのなす面積（の積み重ね）であることを理解すれば，座頭市のおとぎ話の意味も明確になります。

座頭市の速度 v は，加速度 a を時間 t で積分したものです。座頭市が直接知ることができるのは，時間 t の経過と，瞬間瞬間の加速度 a です。それさえわかっていれば，とても短い時間間隔での速度の増加分 Δv がわかります。それを積み重ねることが積分ですから，加速度 a を時間 t で積分すると速度 v になるのです。

さらに，座頭市の移動距離 x は，速度 v を時間 t で積分したものです。横軸は t で縦軸が v と考えれば，その積は（とても短い時間間隔にわたっての）移動距離です。それを積み重ねるということは，旅での動きの総決算，それまで動いた正味の距離，つまり座頭市の現在位置＝「座頭位置」がわかることになるのです！（オヤジギャグでごめんなさい m(_ _)m......。）「3 歩進んで 2 歩下がる〜♪」という古い歌がありますが，そのようなでたらめな歩き方をしていても，積分さえすれば，常に正味の移動距離，ひいては現在位置が判明します。

この座頭市の寓話(ぐうわ)は、決してただのおとぎ話ではありません。実は、現実の「慣性航法」または「ジャイロ航法」とよばれる位置測定法では、実際に速度と加速度を時間積分しています。慣性航法装置には加速度計が搭載されており、座頭市よろしく自分の加速度を測定し、それを積算して速度や距離をはじき出しているのです。ただし、現実世界は3次元ですから、現在位置を確認するための積分も、x, y, z の3方向で行っています。その総決算が飛行機の現在位置と速度なのです。

要点チェック

本章の重要ポイントは表 1-1 と表 1-2 です。この表さえ参照すれば、本書で使う微分と積分はすべてわかります。公式を忘れたら使ってくださいね！

答え

【クイズ 1】の答え 「微分する」とは英語で "differentiate" といいます。微分に d を使うのは、この単語の頭文字が d だからです。

"differentiate" は元来、「差を付ける」という意味に使われます。差分の定義式 (1.7) を思い出してください。この式の右辺では差を割り算しています。「差分」とよばれるのはそのためです。「微分」という名称は、差よりも小さな量を割り算して得られることから付けられています。ちなみに、「差」の英語は "difference" ですね。

【クイズ 2】の答え　ちょっとだけ読み進めてください。

第2章

マルサスの今日からできる大予言

~癒し系1階微分方程式入門~

目標 ── 微分方程式とは何かを理解し，その中でもっとも簡単な「1階の線形常微分方程式」の解き方である「変数分離法」をマスターしよう。

先生「微分方程式について語り始める前に、x の n 乗という関数について考えてみましょう。ためしに、$y = x^n$ を n の関数として考えると、どんなことが言えるかな？」

学生「どういう意味ですか？」

先生「n の値が変わるにつれて、この関数に何か変わったことが起こるかな？」

学生「エーット、たとえば、$n = 1$ のときには、$y = x$ となって最大値、最小値などの極値がないのに、$n = 2$ なら極値が 1 個出てきて、$n = 3$ ならまたなくなるというようなことですかァ？」

先生「そうそう、顔に似合わず鋭いねェ」

学生「そんなことを先生に言われたくないです」

先生「ゴメン。他に何か見つけられるかい？」

学生「ウーン、わかりません」

先生「どんなときに線形になるかな？」

学生「線形って、直線的になるということですね？」

先生「はい、ご名答」

学生「それはもちろん $n = 1$ のときです」

先生「じゃあ、$n = 0$ のときは？」

学生「アッ、その場合も $y = $ 定数 となって、線形です」

先生「それ以外にもあるかな？」

学生「わかりません」

先生「少しは考えなさい。では、具体的に n が 1 より大きいときは？」

学生「全部曲線的だから線形ではありません」

先生「そうそう。線形でないことを『非線形』というんだ

第 2 章　マルサスの今日からできる大予言

よ。当たり前だけどね。では，n が 1 より小で 0 より大なら？」

学生「$n = 1/2$ のときなんかは平方根になるから，そこでも非線形です」

先生「そうだね。しかも，$x > 0$ しか意味をもたなくなるしね。それでは n が負のときは？」

学生「やはり非線形ですかァ？」

先生「そうだね」

学生「先生，不思議です」

先生「何がだい？」

学生「なぜ，無限にある n の中で $n = 0$ と 1 だけが例外なのですか？」

先生「そうそう，面白い質問だね。それこそが学問ですね。不思議だなあと思うことも素晴らしいね。学問とは学んで問う，と書きます。学ぶだけですべて解決するわけではありません。学ぶとつぎつぎに疑問が浮かんでくるんだよ。それに自問自答できるようになれば，1 を聞いて 10 を知るような天才的な人になれるかもしれないね？ところで，先ほどの質問への答えですが，$n = 1$ のときに線形になるのは線形の定義そのものだね。そのとき無数の傾きや切片が許されるので，無限個の線が引けることになるよね。さて，$n = 0$ のときも確かに線形だけれど，傾きが 0 の水平線に限られているから，$n = 1$ に比べるとかなり限定的なものと考えられます」

学生「先生，1 を聞いて 10 を知るなんて，ちょっとおかしいのではありませんか？」

先生「ふんふん。どこがおかしいと思うの？」

学生「はじめに 1 を聞いて 10 を知りますよね。すると，自問自答で，10 のそれぞれに対して 1 を聞いて 10 を知

> るをやっていると，2番目のステップで100を知り，3番目のステップで1000を知り，ということになってすぐに頭が爆発してしまいそうです」
>
> **先生**「なるほど，よいところに気付いたね。その点についても考慮しながら講義を進めよう」
>
> **学生**「エッ，微分方程式って，そんなことにも関係するんですか？」
>
> **先生**「うん，関係は大有りです」
>
> **学生**「ヘエー。意外と面白いかも」

人口爆発も，地球温暖化も，株価変動も，小惑星の軌道も，明日のお天気もそうですが，こうした現象を「予測」することは，人間誰しもに関係する重要問題です（古代から予言者たちは崇拝の的でした！）。第1章のおとぎ話に登場した座頭市も，手がかりとして加速度だけがわかっているときに，それをもとに未来の速度や位置を「予測」しようとしていましたね。

未来に何が起こるのか？ 残念なことに人間にとって，それを知ることはかなり困難です。しかし，人間は古くから未来を知るための努力を重ねてきました。昔は多くの王朝が予言者や占い師の集団を召し抱えていましたし，今では多くの国に世界情勢や地球環境を予測する研究機関があります。

ところで，こうした団体には今と昔とで大きな違いがあります。それは**微分方程式**を知っているか，知らないかです！何を隠そう，微分方程式は未来予測のための強力なテクニックなのです。

この章では，人口の未来予測を一つの目標として，微分方

程式とは何かを知り，微分方程式を実際に使う例をたくさん見ていきましょう。

2.1
ストレス解消，癒しの時間

　微分方程式は怖くありません。もちろん難しいものもありますが，簡単なものもたくさんあります。本書では，簡単なものからゆっくり時間をかけて説明していき，いつのまにか難易度が上がりますから，ストレスは最小限です。論より証拠。少々心配気味な読者の皆さんのために，超簡単な微分方程式をご紹介しましょう。

＼ナットク／ の例題 2-1

次の式の両辺を t で積分しなさい（k は定数）。

$$\frac{dy}{dt} = k \tag{2.1}$$

【 答え 】 「ヘッ？ この問題のどこが微分方程式？」という感じですね。とりあえず，だまされたと思って，指示通りに両辺を t で積分してみましょう。

$$\int \frac{dy}{dt} dt = \int k dt$$

　微分形を積分するともとに戻るのですから，左辺は y になります。右辺は単に定数 k の積分ですから，$kt + C$ です（C は積分定数）。よって，答えは

$$y = kt + C \tag{2.2}$$

です。

「微分方程式を解け」ってどういうこと？

微分方程式というより，ただの積分の練習問題みたいでしたね。「今さら，なぜこんな単純な積分をやるの？ 早く微分方程式の説明をしてよ！」と叱られそうですが，ひとまず，読み進めてください。

ものの本を見ると，「微分方程式とは，微分が含まれた方程式である」という説明が書かれています。でも，「微分が含まれた方程式」って，どういう式なのでしょう？ 比較のために，まず微分方程式ではない"ふつうの方程式"を思い出してください。

ふつうの方程式とは，たとえば

$$X + 2 = 10$$

のような式ですね。言葉でいうなら，「2 を足したときに 10 になるような未知数 X を求めなさい」という問題です。「未知数 X を含んだ条件式があるとき，それが成り立つような具体的な X の値を求めなさい」という問題のことを，数学では**方程式**とよぶのです。そして，この方程式の解はもちろん $X = 8$ です——方程式を満たす X の値を**解**とよぶのでした。

では，微分方程式とは何でしょう？ 結論からいうと，**微分方程式**とは，未知数ではなく未知関数 $y(t)$ の微分形を含んだ条件式です。すでに出ている式，

$$\frac{dy}{dt} = k \qquad (2.1)\text{ の再掲}$$

もまた，微分方程式です。なぜなら，これは未知関数 $y(t)$ の微分形を含んだ条件式だからです。

この微分方程式が意味しているのは，「$y(t)$ の微分 dy/dt は定数 k になるよ」という条件です。ちょうど，$X + 2 = 10$ という代数方程式が「X に 2 を足すと 10 になるよ」と，足し算の結果だけを示すのと同じです。

では，微分をした結果の dy/dt がわかっているとき，未知関数 $y(t)$ の形を知るにはどうすればいいでしょう？ 例題 2-1 とまったく同じく，積分を行えばいいことがわかりますね！ 足し算の逆演算が引き算であるように，微分の逆演算が積分なのですから。

つまり，「微分方程式を解く」とは，未知関数の具体的な形を式の変形と積分によって求める作業なのです。こうやって求められ，もはや未知でなくなった未知関数 $y(t)$ の具体的な形は，微分方程式の**解**とよばれます。

＼ナットク／ の例題 2-2

次の微分方程式を解きなさい（k は定数）。

$$\frac{dy(t)}{dt} = k \qquad (2.1)\text{ の再掲}$$

【 答え 】 例題 2-1 を参照してください。微分方程式 (2.1) の解は，(2.2) に示されているように，$y(t) = kt + C$ です。ここで y と $y(t)$ は同等です。つまり $y = y(t)$。

2.2
微分方程式の姓名判断

微分方程式にはいろいろ分類があり，それぞれに「n 階微分方程式」や「線形微分方程式」などといった独特の名前が付いています。数学というのは外国語と同じで，重要な単語の意味がわからないと，文章自体が何を言っているのかわかりません。具体的な実例に入る前に，単語の予習をざっとやっておきます。しばらく我慢してください。

微分方程式そのものの用語

(1) 階数

式 (2.1) のように，最高で 1 階導関数しか含まない微分方程式を 1 階微分方程式とよびます。一方，

$$\frac{\mathrm{d}^2 y}{\mathrm{d}x^2} = k \quad (k \text{ は定数}) \tag{2.3}$$

のように，最高で 2 階導関数を含むものは「2 階微分方程式」です。同様に，最高で n 階導関数を含めば **n 階微分方程式**になります。微分方程式に含まれる導関数の最高階数を，その微分方程式の**階数**とよびます。

(2) 次数と線形・非線形

数学では，着目している数の 1 乗が含まれた式を「1 次式」，2 乗が含まれた式を「2 次式」，などといいます。直線を表す式 $y = ax + b$ が「x についての 1 次方程式」とよば

れるのと同様です。

微分方程式の世界では，未知関数とその導関数についての1次式を「1次微分方程式」といいます．たとえば，式 (2.1) は1階導関数の1乗を含む式なので，「1階1次微分方程式」とよばれます．式 (2.3) のように2階導関数の1乗を含むものは，「2階1次微分方程式」になります．

一方，$(y')^2 + by = 0$ というふうに導関数を2乗したものが含まれると，それは「2次微分方程式」になります（ここで，$y' = \frac{dy}{dt}$）．最高階の導関数が何乗されているかという数をとりあげて，その微分方程式の**次数**といいます．

ところで，数学では，「1次」の代わりに**線形**という用語を使うことが多く，微分方程式もその例外ではありません．そこで，1次の未知関数 $y(t)$ またはその導関数のみを含む微分方程式は，ふつうは**線形微分方程式**とよびます．1次以外の未知関数かその導関数を含むなら，**非線形微分方程式**になります．

次のようなものが線形微分方程式の例です．

$$y' + by = 0,$$
$$y'' + ay' + by = \sin t \quad （これも線形微分方程式！）$$

ここで，$y'' = \frac{d^2 y}{dt^2}$ です．

また，非線形微分方程式の例としては，次のようなものがあります．

$$y'' + a(y')^2 = 0, \quad y'' + by^3 = 0, \quad y'' + y'y = 0,$$
$$y'' + ay' + by = \sin y$$

なぜ $y'' + ay' + by = \sin t$ は線形微分方程式なのに，$y'' + ay' + by = \sin y$ は非線形微分方程式なのでしょうか？ それは，線形か非線形かは「未知関数 y（とその導関数）についての 1 次式かどうか」で決まるからです。$\sin t$ のようなちょっとややこしい要素が入っていても，未知関数 y や y' がすべて 1 乗ならば，線形なのです。ところが $\sin y$ のグラフは直線的でないので非線形です。なお，非線形微分方程式の一般論はきわめて難しいので，本書では簡単に解ける例しか扱わないことにします。

微分方程式を解くときの用語

(1) 一般解と特殊解

微分方程式を解くには積分を行う必要があるので，解には一般に**積分定数**が含まれます。

式 (2.1) の解 (2.2) のように，積分定数を含む形の解を**一般解**とよびます。一般解に，ある具体的な条件（後述）を与えて，積分定数を具体的な数値や記号で置き換えたものが**特殊解**です。短縮して**特解**ともよびます。

一般解に具体的な条件を代入しても特殊解が出てこないという奇妙な解，特異解なるものが現れることもあります。大学の微分方程式の授業では特異解を答えさせる問題も出ますが，本書では扱いません。

(2) 初期条件と境界条件

上記での「具体的な条件」とは何でしょう？ 式 (2.1) のような，時間についての関数 $y(t)$ に関する微分方程式では，「ある時刻 t に未知関数 $y(t)$ がこれこれの値をもつ」といった条件がそれです。これはしばしば，時刻 $t = 0$ での位置や

速度として与えられます。時刻 $t=0$ での条件を**初期条件**といいます。

未知関数として，位置 x についての関数 $y(x)$ が与えられることも少なくありません。このような未知関数 $y(x)$ についての微分方程式では，時間の代わりに「$x=0$ という位置で未知関数 $y(x)$ がこれこれの値をもつ」という条件が与えられます。これを**境界条件**といいます。

初期条件と境界条件は数学的には同じものですが，物理的には時間と位置とではかなり意味合いが違うので，それぞれ別の名前が与えられています。

Column2　常微分方程式と偏微分方程式

式 (2.1) をはじめ，本書に出てくる微分方程式には，変数が x や t といった 1 個しかない関数しか含まれていません。

これに対して，時間 t と空間 x など，2 つ以上の変数をもつ関数 $f(x,t)$ などを考えることもできます。こうした関数の導関数は，複数ある変数のうちのどれで微分するかを指定し，∂（ラウンド）という記号を使って，

$$\frac{\partial f(x,t)}{\partial x} \quad (x \text{ で微分するとき}),$$
$$\frac{\partial f(x,t)}{\partial t} \quad (t \text{ で微分するとき})$$

と書かないといけません。このように「複数ある変数のうちどれか一つで微分する」ことを「偏った微分」という意味を込めて，**偏微分**といいます。偏微分を含む微分方程式を**偏微分方程式**とい

い，変数が 1 個しかない微分方程式は，偏微分方程式と区別するため**常微分方程式**とよびます。

偏微分方程式は，物理の電磁気学や量子力学，流体力学，音響学などはもちろん，工学や経済学などまで広く利用されて面白いのですが，残念ながら本書のレベルを超えますので，扱いません。本書で「微分方程式」という言葉を使う場合は，常微分方程式だけを指すことにします。

2.3
未来は100%予測できる!?

微分方程式がどんなものであるのかは，とりあえずご理解いただけたことでしょう。しかし，「式 (2.1) はあまりに単純すぎて，何の役にも立たないのでは？」と，かえって不安を覚えた読者もおられるかもしれません。いえいえ，こんな微分方程式でもしっかり役に立つのです。次のやさしいクイズを考えてみましょう。

地球上のある高さから，充分小さな物体を初速度ゼロで落下させます。この物体の t 秒後の速度はどうなるでしょうか？ 空気抵抗は無視できるとしましょう（空気抵抗が無視できる落下を「自由落下」といいます）。

ガリレオは 16 世紀に，「自由落下する物体の速度は，落下し始めてからの時間の長さに正比例する」ということを発見しました。現代では，この比例定数を「地球の重力加速度」

とよび，記号 g（$= 9.8\,\mathrm{m/s^2}$）で表すことになっています。ガリレオの発見を式で表すなら，速度は時間 t の関数として

$$v = -gt$$

と書けます（鉛直上方を正の向きとします。右辺の負号は加速度が下向きであることを表します）。自由落下する物体の速度は地面に衝突するまで，1秒後に $-g$，2秒後に $-2g$，3秒後に $-3g$ というふうに，時間に正比例して増加します。このように，時間によらず加速度が一定の運動を「等加速度運動」といいます。

これは高校物理にも出てくる公式です。しかし，そもそも $v = -gt$ という式そのものは，どのように求めたのでしょうか？

ここで，コラム1で紹介したニュートン先生に再びご登場願いましょう。先生いわく，

「質量 m の物体を力 F で押すと，物体が加速度 a で運動した。このとき，力と質量と加速度の間には $F = ma$ の関係がある」

と。この $F = ma$ こそ，理工系の人なら誰でも知っているニュートンの**運動方程式**です。そして，第1章で学んだように，加速度 a とは物体の速度が時間的に変化する割合で，つまり $a = \frac{dv}{dt}$ です。これを $F = ma$ に代入すると次のようになります。

$$F = m\frac{dv}{dt} \tag{2.4}$$

そう，運動方程式はふつうの方程式ではありません。速度

v を未知関数とする微分方程式なのです。

また，地球上にある質量 m の物体は，常に重力 $-mg$ を受けています。負号は下向きを表します。この $-mg$ を F に代入すると，運動方程式 (2.4) は

$$-mg = m\frac{dv}{dt} \quad \therefore \frac{dv}{dt} = -g \tag{2.5}$$

となります。これで，速度 v に関する微分方程式 (2.5) が得られます。この式と $v = -gt$ という式の関係がわかりますか？

＼ナットク／の例題 2-3

- **等加速度運動（応用分野：物理学，航空宇宙工学）**
- (1) 微分方程式 (2.5) の一般解を求めなさい。
- (2) 「物体がはじめ静止していた」ことを表す特殊解を求めなさい。

【 答え 】(1) 式 (2.1) を思い出してください！ 式 (2.5) 中に出現する記号を

- 未知関数　$v \to y$
- 定数　　　$-g \to k$

と置き換えれば，これは式 (2.1) になりますね。ですから，その解も式 (2.2) で逆の置き換え

- 未知関数　$y \to v$
- 定数　　　$k \to -g$

を行えば，求められます。よって，式 (2.5) の解は，

$$v = -gt + C \quad (C \text{ は積分定数}) \tag{2.6}$$

となります。積分定数が残っているので，これは一般解です。
(2)「物体がはじめ静止していた」というのは，この微分方程式の「初期条件」で，時刻 $t=0$ における v の値を $v(0)=0$ と指定しています。

初期条件は，積分定数 C を消去するために用いられます。$t=0$, $v=0$ を式 (2.6) に代入すると，

$$0 = 0 + C \quad \therefore C = 0$$

が得られます。したがって，求める特殊解は

$$v = -gt$$

です。本節の最初に示した自由落下する物体の速度の式に一致しました。

微分方程式を解いて速度 v を求めるということは，$t=0$ よりも先の未来における v のふるまいを予測するということです。これは予言の第一歩ですが，次は，ほんの少しだけレベルアップしてみましょう。

2.4
予言者入門
人口を予測しよう！

さて，本章の冒頭で予告した，人口の未来予測にお話を進めましょう。たとえば日本の人口は，2006 年をピークに減少し始めると予測されていました。実際には 2005 年に戦後初

めて人口が減少し,その後増減を繰り返して 2008 年にピークを迎えた後,2011 年からは減少の一途をたどっています。

人口が予測できなければ,未来の経済状況も予測できません。子供たちを学校で教育する教育界も困ります。さらに近年問題視されているように,環境汚染や年金の支払いにも支障を来します。将来に備えて人口を予測したいという要求に,微分方程式が応えるようになっています。そのような研究が始まったのは,産業革命により経済が発展し,人口増の嵐がヨーロッパの大都市を襲ったときにさかのぼります。

クイズ 2

もしあなたが産業革命当時の上記の大都市の市長なら,どのように人口を予測するでしょう?(「部下に命令する」は不可とします。)

ネズミも人も同じ? もっとも簡単な人口予測モデル

ネズミの増殖するようすはネズミ算で表されますが,人口は数式でどのように表されるでしょうか? いま,ある都市の人口を y 人としましょう。この人口が,時間(時刻)t とともにどのように変化するかを予測します。ここでは,いきなり微分を使う代わりに差分を使って表してみましょう。

まず,「人口が毎年何人増えるか(減るか)」ということを数式に表す必要がありますね。人口 y の時間変化,すなわち人数の増し分を,人口 y に Δ をつけて Δy [人] と書くことにしましょう。この Δy [人] の増加が期間 Δt 内に起きたとすれば,この期間内の人口の平均変化率は,差分を用いて $\frac{\Delta y}{\Delta t}$ と表せます(Δt の単位は年でも秒でも何でもよいのです

が，ふつうの人口統計の実測値では，$\Delta t = 1$ 年です)。

人口の時間変化と人口の関係はどうでしょう？ 人口 y が多ければ，その人たちが出産する人数や，死亡する人数はそれだけ多くなるはずですから，単位時間あたりの人口変化は大きいでしょう。つまり，人口の時間変化は，その時点での人口 y に比例すると考えられます。数式で表すと，

$$\frac{\Delta y}{\Delta t} = 定数 \times y \tag{2.7}$$

ということです。ここで，$\Delta t \to 0$ として差分から微分に変換すれば，

$$\frac{dy}{dt} = ry \tag{2.8}$$

となります。比例定数は r としました（r は rate の頭文字です）。式 (2.8) は，第 1 章で学んだ速度と同様に，「ある瞬間の人口増」を表します。

この比例定数 r は何かというと，「人口増加率」を表しています[*1]。r が 0 より大きければ（死ぬ人の数より産まれる赤ちゃんの数が多いために），次の瞬間には人口が増えていることを表します。r が 0 より小さければその逆で，次の瞬間には人口が減っていることを表します。

さて，この式を言葉で説明できることも大切です。それは，

---

*1 ただし，r はふつうの人口統計における人口増加率そのものではありません。政府がまとめているような統計では，人口増加率は年率，すなわち「前年から 1 年経ったときに実際に増えている人口」で測られ，これは時間間隔を 1 年にとったときの人口の平均変化率です。この値は，おのずと，時間間隔を無限に小さくした場合の r とは違う値になります。

「時刻 t で，充分に短い単位時間（たとえば1年）に増加する人口は，その時刻での人口 y に比例し，その比例定数は r である」

となります。

式 (2.8) が時刻 t での人口 y を予測する，もっとも簡単な微分方程式です。式 (2.1) と比べると，定数だった右辺が，式 (2.8) では定数×未知関数に変わっています。それだけレベルアップしたわけです。

 ここでは，r は過去も未来も変わらない定数と仮定します。あまり現実的でない仮定ですが，話を簡単にするためなので我慢してください。

式 (2.8) の左辺は未知関数 y の1階導関数です。この式は，y の1階導関数が y に比例し，比例定数が r であることを示しています。比例関係をグラフ表示すると直線になりますから，比例関係＝線形です。したがって，式 (2.8) の形の微分方程式を式 (2.1) とともに「1階線形微分方程式」とよびます。より厳密には，式 (2.1) にも (2.8) にも偏微分が含まれておらず，通常の微分＝常微分だけなので，これらは「1階線形常微分方程式」です。

微分方程式がわかればなんとかなるさ

さあ，今後の課題は，1階線形微分方程式 (2.8) を解き，実際に人口 y を予測することです。どうすればこの微分方程式が解けるでしょう？

微分方程式を解くには，もちろん積分すればよいのです。しかし，式 (2.8) のような形では，むやみに積分しても解けません。なぜなら，式 (2.8) は「未知関数 y を微分した $\frac{dy}{dt}$

は(左辺), もとの未知関数 y に定数を掛けたものになっているよ(右辺)」といっているからです。単に両辺を積分しても, 右辺をどう積分していいのかわかりませんね。

ここで, ある重要テクニックを使います。式 (2.8) の左辺の導関数は, 差分を思い出すとわかるように, 便宜上「あたかも分数であるかのように」扱えます。そこで, 両辺を y で割り, さらに dt を掛けてみましょう。

$$\frac{dy}{y} = rdt \tag{2.9}*^2$$

このように, 左辺を未知関数 y だけに, そして右辺を定数と変数 t だけにできるのです。この後, おもむろに両辺を積分すればよいのです。

$$\int \frac{dy}{y} = \int rdt \tag{2.10}$$

変数を等号の左右に分離するこの方法を, **変数分離法**といいます。

ふつうは,「$y(t)$ は t を変数とする関数である」のようにいいますが, 同じ意味のことを「y の値が t に依存して変わるならば, t は**独立変数**であり, y は**従属変数**である」と表現する場合もしばしばあります。「変数分離法」という名前は, 従属変数 y だけからなる左辺と, 独立変数 t だけからなる右辺とに分離することからきているのです。

---

*2 導関数を分数のように扱えるの? と疑問をもたれた方は優秀です。厳密には, 式 (2.8) の両辺を y で割り, そして t で積分すると, 左辺が $\int \frac{1}{y} \frac{dy}{dt} dt = \int \frac{dy}{y}$ となるのです。右辺は自明ですね。

さて、式 (2.10) の左辺は、積分定数 C'' が付いて「自然対数 $+ C''$」、右辺の積分は積分定数 C''' が付いて「$rt + C'''$」となりますが、両辺の積分定数をまとめて C' と置きます。

$$\log_e y = rt + C' \tag{2.11}$$

式 (2.11) を対数から指数関数の形にします。それにはまず、対数の定義を思い出しましょう。

要点チェック

対数とは：y が a の x 乗であるとき、x のことを「a を底とする y の対数」とよびます。すなわち、$\log_a y = x$ は $y = a^x$ と同義です。

式 (2.11) は、$\log_a y$ について

$a \to e$

$x \to rt + C'$

と置き換えたものなので、対数の定義に従うと、

$$y = e^{rt+C'} = e^{C'} e^{rt} \tag{2.12}$$

と書けます。式 (2.12) で $e^{C'}$ は定数なので、単に C と置くと、ついに微分方程式 (2.8) の解を得ます！

$$y = Ce^{rt} \tag{2.13}$$

解 (2.13) は、定数 C が具体化されていない一般的な状態なので、「一般解」です。微分方程式 (2.8) の一般解は指数

関数 (2.13) だったのです。式 (2.8) の形の微分方程式は重要で、これからもしばしば出てきますから、ぜひ記憶しておいてください。

答え以上の答え：解 (2.13) の考察

解 (2.13) を得たことで、微分方程式を解き終わったわけではありません。むしろ、ここからが大切です。つまり、解の考察（吟味）です。

皆さんは、解 (2.13) を観てどう思いますか？ これで完璧ですか？ 何か不足はないですか？

人口増加率 r が与えられていて、$t = t_0$ での人口が y_0 であるとします（初期条件）。この特殊な条件を満たす「特殊解」を探しましょう。それらを式 (2.13) に代入すると、

$$y_0 = Ce^{rt_0}$$

となります。上式を C について解くと、C は

$$C = y_0 e^{-rt_0}$$

です。これを一般解 (2.13) に代入すると、特殊解になります。

$$y = y_0 e^{r(t-t_0)} \tag{2.14}$$

これで任意の時刻 t での人口 y が予測できるわけです（図 2-1 参照）。

ここまでは数学的にもそれほど苦労しませんでしたね。順風状態といえるでしょう。

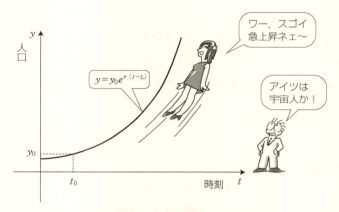

図 2-1 人口の指数関数的増加

Column3

ネズミ算とマルサス

ネズミ算は，数学では「指数関数的な増大」などとよばれますが，これは猛スピードで増えるようすの象徴です。「ネズミの増殖するようすはネズミ算で表される」とチラッと書きましたが，実は数学的にいうと，上の人口増の問題はネズミ算とまったく同じものなのです。

吉田光由(よしだみつよし)（1598-1673）の『塵劫記(じんこうき)』には，「ネズミの夫婦1組が，1ヵ月につきオス・メス6匹ずつの子供を産む」というネズミ算の例題が書かれています。ヒトの生殖のペースはこれほど速くはないとはいえ，ある期間につきある割合で新生児が産まれると仮定すれば，原理的にはネズミ算と同様（定数の値が違うだけ！）の法則で人口が増えていくことになります。

第 2 章 マルサスの今日からできる大予言

人口がネズミ算式に増大するのを心配したのが、イギリスの経済学者マルサス (1766–1834) です。著書『人口論』の中で、微分方程式 (2.8) と同様の考察を行っています。彼は、未来の人口は爆発的に増えてしまい、食糧の増産が間に合わず、貧困などの社会的混乱が訪れるのは避けられない、と悲観的な予想を述べました。これをマルサスの人口法則などといいます。

マルサス

(alamy/PPS 通信社)

マルサスの人口法則は経済学上の発見として非常に有名ですが、微分方程式 (2.8) を基礎としているため、そのままの形では現実を反映していません。そのため、マルサスの人口法則を出発点としつつ、後の多くの学者から修正を受けた学説が、今日も議論されています。

2.5
世界最古の土器の年代は？
放射性物質の崩壊と半減期

世界最古の土器はどのくらい古いのでしょう？ その一つは日本全国で発掘される縄文土器で、中には 1 万 6000 年以上の古さを誇るものもあります。このような古い年代をどのように測定するのでしょう？ 実は、放射性物質を使います。

物理学の研究や医療、そして原子力発電などさまざまな分野で利用される放射性物質とは、いわゆる放射能をもつ物質です。ウランやプルトニウムのような強い放射性物質は、大

量の放射線を出すことにより人体に深刻な損傷を与える恐れがあるので、取り扱いには厳重に注意しなければなりません。

 物質中の原子核が、あるとき突然寿命が尽き、陽子や中性子、電子や光子などの粒子を放出すると同時に（このとき放出される粒子を放射線といいます）、他の安定な原子核に変換されることがあります。この現象を放射性崩壊とよび、放射性崩壊を起こす性質を放射能とよびます。

 考古学などでは、発掘された品物がいつのものかを調べる必要があります。そんなときに利用される年代測定法の代表例が、放射性物質である炭素同位元素 14 を使う方法です。この原理はいったいどうなっているのでしょう？（ヒント：ここでは、ある時刻 t_0 に量〈すなわち原子数〉が M_0 である放射性物質が、その後どのように減少するかを調べてみましょう。）

このクイズの重要なポイントは、
「時刻 t で崩壊する放射性物質の割合は、その時刻でのその物質の量（すなわち原子核の個数）M に比例する」
ということです。ここで、「崩壊する放射性物質の割合」は、どのように表されるでしょう？ 今、短い時間 Δt 内に、放射性物質が ΔM だけ減少したとすると、崩壊する割合は、$\frac{\Delta M}{\Delta t}$ で表されます。つまり、平均減少率ですね。さらに、$\Delta t \to 0$ の極限では $\frac{\Delta M}{\Delta t}$ は微分 $\frac{dM}{dt}$ になります。

この「崩壊する放射性物質の割合」である $\frac{dM}{dt}$ が、その時点での量 M に比例するのですから、それを式で表すと

$$\frac{dM}{dt} \propto M$$

となります（"$\propto$"は，比例を意味する記号です）。

> 短い時間 Δt 内に崩壊する放射性物質の量は，$\frac{dM}{dt}$ を利用すると $\frac{dM}{dt}\Delta t$ と表されます。よって「崩壊する割合」は，それを Δt で割った $\frac{dM}{dt}$ です。

さらに，比例定数を具体的に表しましょう。放射性物質が時間的に崩壊して減少することを考慮すれば，比例定数は負になりますから，$-s$ としておきましょう。s を**崩壊率**（または崩壊定数）とよびます。すると，式が具体化されます。

$$\frac{dM}{dt} = -sM \tag{2.15}$$

この式は，式 (2.8) と同じ形をしていますから，解も同じで式 (2.14) のようになるはずです（式が同じなら解も同じ！）。そこで，式 (2.14) で，$y \to M$，$r \to -s$ と置き換えて，初期条件（$t = t_0$ において $M = M_0$）を用いると，さっそく解が得られます。

$$M = M_0 e^{-s(t-t_0)} \tag{2.16}$$

これが，時刻 t での放射性物質の量 M を表す式です。簡単ですね。時間が経過すればするほど，人口増とは逆に，放射性物質が指数関数的に減少することがわかります。

半減期を求めよう

さて，放射性物質に関連してよく聞く言葉に**半減期**（$t_{1/2}$）

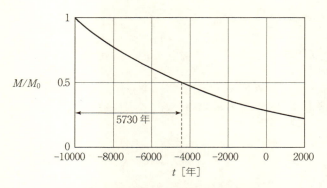

図 2-2 炭素同位元素 14 の指数関数的崩壊のようす

があります。半減期とは，放射性物質の量が最初の M_0 からどんどん減少して，$M_0/2$ に半減するまでの時間のことです。図 2-2 は，半減期約 5730 年をもつ炭素同位元素 14 の崩壊を表します。式 (2.16) を利用し，その半減期を求めましょう。

時刻 $t = T$ になったときに物質の量が $M = M_0/2$ になるとすると，

$$\frac{M_0}{2} = M_0 e^{-s(T-t_0)}$$

が成り立ちます。両辺を M_0 で割って M_0 を消去し，両辺の自然対数（$\log_e x = \ln x$）をとり，次の💡を参考にしながら計算を進めます。

$$\ln \frac{1}{2} = \ln e^{-s(T-t_0)}$$

これから，

$$\ln 2^{-1} = \ln e^{-s(T-t_0)}$$

$$\therefore -\ln 2 = -s(T-t_0)\ln e$$

を得ます。したがって、のルール2 ($\ln e = 1$) を右辺に適用すると、半減期としてついに、

$$t_{1/2} = T - t_0 = \frac{\ln 2}{s} = \frac{0.693}{s}$$

が導かれます。崩壊率 s が大きいほど、半減期は短くなります。しかし、その短い期間に大量の放射線が出ますので、注意を要します。

> 対数計算のルールを一部挙げます。
> 1　$\log_a x^k = k \log_a x$
> 2　$\log_a a = 1$　ゆえに　$\ln e = \log_e e = 1$

ちなみに、原子力発電によく利用されるプルトニウム 239 やウラン 235 の半減期はどのくらいか想像できますか？ それぞれ約 2 万 4000 年と約 7 億年です。かたや新石器時代以降の歴史に匹敵し、かたやそれをはるかに超える、恐ろしく長い期間です。それより長い期間、放射線が放出されます。

日本に 16 ヵ所もある原子力発電所では、核燃料を燃やし、大量の放射性廃棄物を毎日排出しています。それらの半減期もかなり長く危険なのに、適切な処理方法はいまだに確立されていません。日本国内では、いわば「トイレのないマンション」の状態が続いているわけです。

縄文土器の古さを調べよう

ところで、炭素同位元素 14 による年代測定法でしたね。炭素同位元素 14 の半減期と崩壊率は、それぞれ 5730

年と 1.209×10^{-4}/年です。上の $T - t_0 = 0.693/s$ に $T - t_0 = 5730$ を入れると s が求まります。

生体は空気中からたえず炭素同位元素を体内に取り込むため，生きている動植物に含まれる炭素同位元素の量は一定です（ここでは M_0 とします）。しかし，生物がいったん死ぬと，炭素同位元素は新規に吸収されなくなるため，放射性崩壊によって指数関数的に減少し始めます。

したがって，生物の化石に残っている炭素同位元素の量を調べると，その生物の死後経過時間が推定できるのです。この方法は，アメリカの物理化学者 W.F. リビーが 1940 年代後半に開発しました。その業績によりリビーは 1960 年にノーベル化学賞を受賞しています。

さて，縄文土器が作られた年代を測定するには，土器にこびりついた食物の化石（たとえばドングリ）などを利用します。土器の製作時 $t = t_0$ での炭素同位元素 14 の量は，もちろん M_0 です。M_0 は現在のドングリを使って計測できます（ただし，土器が作られた当時のドングリも現在のドングリも，生きている間に体内に含んでいる同位元素の量は同じである，と仮定しています）。

次に，土器が製作されてから現代までに経った時間を Δt ($= T - t_0$) とおきます。崩壊率は s なので，縄文土器に付着したドングリに現在残っている同位元素の量は，式 (2.16) を利用して

$$M(\Delta t) = M_0 e^{-s\Delta t}$$

と得られます。これも計測可能です。よって，両者の割合は

$$\frac{M(\Delta t)}{M_0} = e^{-s\Delta t} \Rightarrow \frac{M_0}{M(\Delta t)} = e^{s\Delta t}$$

となります。この両辺の自然対数をとると，次のようになります。

$$\ln\left\{\frac{M_0}{M(\Delta t)}\right\} = s\Delta t \qquad \therefore \Delta t = \frac{1}{s}\ln\left\{\frac{M_0}{M(\Delta t)}\right\}$$

こうして，土器の製作年代を特定することができるのです。

2.6
電気のダム
コンデンサーを含む電気回路

次の応用は，電気回路によく使われるコンデンサーに関するものです。コンデンサーとは電気を蓄える素子です。蓄えた電気を一挙に放出させたりして利用することもあります。どれだけの電気＝電荷が溜められるか，というコンデンサーの性能を示す量が静電容量（キャパシタンス）C です。コンデンサーに電荷 Q が蓄えられると，その両端に電圧 V が生じます。これらの量の間には，次のような簡単な関係式が成り立ちます。

$$Q = CV \tag{2.17}$$

このコンデンサーに溜まった電気がどのように放出（つまり，放電）されるか調べてみましょう。

― \ナットク/ の例題 2-4 ―

● コンデンサーを含む電気回路
 （応用分野：電気電子工学）

　図 2-3 のような回路があり，静電容量 C のコンデンサーにあらかじめ電荷 Q_0 が溜まっているとします。時刻 $t = t_0$ でスイッチ S を入れ，コンデンサーに溜まった電荷 Q を電流として回路に流し始めます。流れ出た電流は抵抗 R で消費されますから，時間の経過とともに減少するはずです。このコンデンサーに溜まっている電荷を時間の関数として表しなさい。

図 2-3　RC 回路

【　答え　】抵抗 R に電流 I が流れるとき，抵抗の両端の電圧は，「オームの法則」として有名な次式で与えられます。

$$V = IR \tag{2.18}$$

コンデンサーの電圧は式 (2.17) より $V = \frac{Q}{C}$ です。コンデンサーと抵抗が閉じた回路を形成するとき，両者の電圧の和はゼロになります。つまり

$$IR + \frac{Q}{C} = 0 \tag{2.19}$$

です。

ここで，電流とは何かについて考えてみましょう。読んで字のごとし。電気の流れですね。つまり，電荷 Q の流れ。厳密にいえば，ある場所（ここでは抵抗器を指します）を単位時間当たりに通過する電荷の量です。つまり，電流 I と電荷 Q の間には

$$I = \frac{dQ}{dt} \tag{2.20}$$

という関係があるのです。電荷が動いていないとき，Q は一定ですから，電流 I はゼロになりますね。他方，電荷が大量に移動するときは，多くの Q が抵抗器を通り抜けるのですから，電流も大きくなります。

式 (2.20) を式 (2.19) に代入して，項を並べ替えると，微分方程式が出てきます。

$$\frac{dQ}{dt} R = -\frac{Q}{C}$$

最後に，両辺を R で割りましょう。

$$\frac{dQ}{dt} = -\frac{1}{RC} Q \tag{2.21}$$

さて，いつものようにこの式を言葉で説明できますか？「時刻 t で，単位時間に減少するコンデンサー内の電荷の割

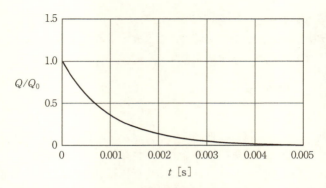

図 2-4 コンデンサーからの放電の時間依存性（$RC = 0.001\,\mathrm{s}$）

合は，その時刻での電荷量 Q に比例する」ですね．微分方程式 (2.21) は，コンデンサー内に蓄えられた電荷 Q の時間依存性を表す重要な式ですが，式 (2.8) や式 (2.15) にそっくりです！「式が同じなら解も同じ」なので，その解は以下のようになります（さらに，式 (2.21) の右辺が負なので電荷が時間とともに減少することもわかりますね）．

$$Q = Q_0 e^{-\frac{t-t_0}{RC}}$$

あっけないほど簡単でしょう？ ここで，Q_0 はもちろん初期条件（はじめにコンデンサーに蓄えられていた電荷）です．

この式に出てくる定数 RC は**時定数**とよばれ，電荷の減少を左右する量です．つまり，コンデンサーからゆっくり放電したいときは RC を大きくし，逆に，比較的大きな電流を瞬間的に流したいときは RC を小さくします．図 2-4 には $RC = 0.001\,\mathrm{s}$ のときの放電のようすを示しました．時刻 $t = 0$ から放電が指数関数的に始まり，時刻 $t = RC$（時定数）

では，過半数の電荷（電子）が放電されることがわかります。

2.7
ロケットが飛べば飛ぶほど？

人類が温めてきた大きな夢に宇宙旅行があります。宇宙飛行士ではなくても，大富豪ならすでに宇宙へ行ける時代になりました。一般庶民が宇宙に行ける日も意外に近いかもしれませんね？

宇宙には行けなくても，私たちは人工衛星の恩恵をすでにたくさん受けています。海外の動画や電話の衛星中継，ナビゲーションシステムなどです。

人工衛星を軌道に乗せるにはロケットが使われます。そして，ロケットの性質の多くは微分方程式で解き明かせるのです。

クイズ4

ロケットは飛ぶときに大量の燃料を消費します。すなわち，質量を常に時間的に変化させながら，ロケットは加速することになります。ではここで，総質量 M，そのうち燃料以外の質量 m_0（人工衛星，燃料タンク，その他）を有するロケットがあるとします。このロケットを宇宙ステーションから発射して，燃料をすべて噴射したとき，最終的にこのロケットはどれほどの速度に達するのでしょう？（宇宙ですから，もちろん空気抵抗は無視します。重力も無視できるとします。）

そういわれてもちょいと難しいですね？ 運動方程式から考えないといけません。実は初等物理学で一般に使われている運動方程式 $F = ma$ は，質量が一定の場合にのみ当てはまるものなのです。それでは，質量が変化するときはどのような運動方程式を使うのでしょう？

ある時点での物体の瞬間速度を v とすると，加速度 a は式(1.4)から，$a = \frac{dv}{dt}$ と表せます。外からの力 F を受けている質量 m の物体の運動方程式は

$$F = ma = m\frac{dv}{dt}$$

となりますが，より正確には，質量と速度の積である運動量 $P = mv$ を利用して，次のような式を運動方程式と約束するべきなのです。

$$F = \frac{dP}{dt} = \frac{d(mv)}{dt} \tag{2.22}$$

> 実は，運動方程式を発明したニュートン自身は，このことをよく理解していました。彼の主著『プリンキピア』には，周到にも，「力は運動量の変化に比例する」ということが明記されています。

ここでの速度 v は，静止している人（たとえば地上に立っている人）から見た速度です。外から力が働かない（$F = 0$）とき，上の式を積分すると「$P = $ 一定」が得られます。運動量は常に等しい。これが有名な**運動量保存則**の簡単な場合です。

これをもとにして，燃焼ガスを噴射し質量を減少させなが

第 2 章　マルサスの今日からできる大予言

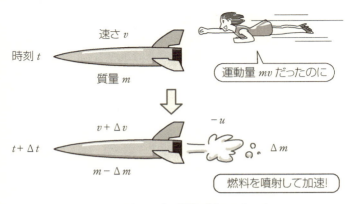

図 2-5　飛ぶほどに質量が減るロケット

ら飛行する現実的なロケットの運動量について考えます。時刻 t でのロケットの質量と速度をそれぞれ，m，v とすると，次の瞬間（$t + \Delta t$）の質量と速度はどうなるでしょう？

ある短い時間 Δt 内に，ロケットはロケット燃料を質量 Δm だけ燃やして，後方に速度 u で噴射すると仮定します。すると，時刻 $t + \Delta t$ でのロケット本体の質量は $m - \Delta m$ です（図 2-5。ここで，$m \gg \Delta m$ とします）。

同時に，燃やした質量 Δm の燃料をロケット本体から後方に噴射した反動で，ロケットの速度が $v + \Delta v$ まで加速されるとしましょう（ここで，$v \gg \Delta v$ とします）。すると，時刻 $t + \Delta t$ でのロケット本体の運動量は，質量 $m - \Delta m$ と速度 $v + \Delta v$ を掛けて，次のようになります。

$$(m - \Delta m)(v + \Delta v)$$

運動量保存則を利用するために，後ろへ噴射された燃料

（質量 Δm）の運動量も考慮しましょう。燃料は高温ガスとなり，速度 $-u$ でロケットの推進方向と逆に噴射されます。このとき，噴射ガスの運動量は $-u\Delta m$ です。したがって，時刻 $t + \Delta t$ でのロケットと噴射ガスの運動量を合計すると全体の運動量が出ます。そしてそれは，時刻 t でのロケットの運動量 mv に等しいはずですから，

$$(m - \Delta m)(v + \Delta v) - u\Delta m = mv$$

$$\therefore mv + m\Delta v - v\Delta m - \Delta m \Delta v - u\Delta m = mv$$

が成り立ちます。ここで，物理学で広く用いられる，「微小変化量を 2 個掛け合わせた 2 次の項 $\Delta m \Delta v$ は，他の項より小さいので，無視できる」という考え方を採用しましょう。整理すると，次の式が得られます。

$$m\Delta v - v\Delta m - u\Delta m = 0 \tag{2.23}$$

💡 この式の各項はすべて，微小変化量を 1 個しか含まない 1 次の項になっていますね。

まとめると，式 (2.23) は

$$m\Delta v - (v + u)\Delta m = 0$$

となります。ここで，新たに $v + u = -V$ と置けば，結局，式 (2.23) は

$$m\Delta v = -V\Delta m \tag{2.24}$$

とますます簡単になりました！

第 2 章 マルサスの今日からできる大予言

ところで,この V とは何でしょうか? これは,速度 $-u$ で離れていく燃料を,速度 v で飛ぶロケット本体から見た速度です。つまり,ロケットから見た燃料の相対速度です。簡単のために,ロケットは常時一定のスピードで燃料を噴射すると仮定しましょう(つまり,V は定数とします)。

> 💡 2 機のロケットを考えます。それぞれの速度を v, u' とします。速度 v のロケットから見たもう 1 機の速度(相対速度 V)はどのように表せるでしょう? ちょっと考えてみてください。相対速度は $V = u' - v$ となることがわかります。つまり,2 機が同じ速度で進むとき($u' = v$),相対速度はゼロです。そして $u' = 2v$ なら $V = 2v - v = v$ です。これは理屈に合いますね。最後に,このクイズのように $u' = -u$ であれば,相対速度は $V = -u - v$ ですから,$u + v = -V$ となります。

式 (2.24) の両辺を Δv で割って,$\Delta v \to 0$ の極限をとると,差分の方程式が微分方程式に変わります。こうして

$$\frac{dm}{dv} = -\frac{1}{V}m \tag{2.25}$$

という,未知関数 m についての微分方程式ができました。

\ナットク/ の例題 2-5

- **燃料を噴射するロケット**

  (応用分野:物理学,航空宇宙工学)

  (1) 微分方程式 (2.25) を解き,一般解を求めなさい。

  (2)「ロケットの速度が $v = 0$ の時点で質量が $m = M$ だった」という初期条件のもとで,特殊解を求めなさい。

(3)(2) で求めた特殊解を $v = (m\text{ の関数})$ の形に書き直しなさい。

【 答え 】(1) 式 (2.25) は式 (2.8) にそっくりです。「式が同じなら解も同じ」なので、一般解は

$$m = Ce^{-\frac{1}{V}v} \quad (C\text{ は積分定数}) \tag{2.26}$$

です（<u>m が変数 v についての関数であること</u>に注意してください）。

(2) 上の一般解に $v = 0$ と $m = M$ を代入すれば $M = Ce^0 = C$ が得られますから、初期条件を満たす積分定数は $C = M$ となります。したがって、求めるべき特殊解は

$$m = Me^{-\frac{1}{V}v} \tag{2.27}$$

となるのです。式 (2.27) はまた ($M = e^{\ln M}$ と表せるので)、次のようにも書くことができます。

$$m = e^{-\frac{1}{V}v + \ln M} \tag{2.27}'$$

(3) 対数の定義を思い出してください。$y = e^x$ は $\ln y = x$ と同義ですので、式 (2.27)' より、$y \to m$, $x \to \frac{1}{V}v + \ln M$ と置き換えて

$$\ln m = -\frac{1}{V}v + \ln M \quad \therefore v = V(\ln M - \ln m)$$

$$\therefore \quad \boxed{v = V \ln\left(\frac{M}{m}\right)} \tag{2.28}$$

というふうに、速度 v を表す式が得られます。これが答え

どこまで加速できる？

さて，この式 (2.28) は何を意味しているのでしょう？

燃料が燃焼してロケットが加速されればされるほど，ロケットの質量 m が小さくなります。さらに，燃料の噴射速度が大きいほど加速が有効なこともわかります。結局，ロケットの最終速度はどれだけでしょう？ それはもちろん，燃料がなくなる瞬間に達成されますね？ そのときロケットの残存質量は m_0 ですから，式 (2.28) で $m = m_0$ として

$$v = V \ln\left(\frac{M}{m_0}\right) \tag{2.29}$$

となります。これは**ツィオルコフスキーの公式**とよばれる宇宙工学で重要な式で，クイズ 4 の答えです。質量比 M/m_0 はロケットの（初期質量）/（最終質量）を表します。

 対数関数は，指数関数とは逆に，増加がきわめて緩やかな関数として有名です。式 (2.29) は，燃やす燃料量を増やしてもロケットの得られる速度はそんなに伸びないという，歯がゆい事実を示しているのです。

一般的に，ロケットの種類（固体ロケット，液体ロケット）を問わず，噴射速度 V は $3\,\mathrm{km/s}$ 程度です。人工衛星を軌道に乗せるために必要な速度は約 $7.9\,\mathrm{km/s}$ ということが知られています。それでは，$7.9\,\mathrm{km/s}$ の速度を得るには，どれだけ大量の燃料を積載する必要があるのでしょう？

式 (2.29) から

$$7.9 = 3\ln\left(\frac{M}{m_0}\right)$$

ですから，これを解いて $m_0 = 0.072\,M$，つまりロケットのうち燃料以外に使える質量は，全体の 7％程度にすぎないことがわかります。しかも，ロケットには人工衛星以外の構造があり，地球の重力も作用しているのですから……。

2.8
予言者入門パート2
指数関数からの飛躍

ここまで指数関数的な特性を示す微分方程式を学んできたのは，そもそも，人口が指数関数的に増大することがきっかけでした。しかし，現実的には人口が指数関数的に無限に増大することがありえるでしょうか？ そのはるか以前に資源や食糧の価格高騰，奪い合いなど何か劇的なことが起きそうですね。その意味で，2.4 節で得た解 (2.14) は妥当とはいえないでしょう。

では，解 (2.14) にはまったく意味がないのでしょうか？ いえいえ，解 (2.14) は何か劇的なことが起こりはじめるまでは有効です。ですから，解 (2.14) は「人口に対して資源が充分豊富なときに有効な近似解」といえ，その有効性に関しては後述します。人口の予言者としてはまだまだ改善の余地が残されているのです。では，どのように改善できるでしょう？ それを考える前に，別の微分方程式を見てみましょう。

エ〜？ 指数関数よりも速い人口増加？

1 階微分方程式 (2.8) の解は，式 (2.14) のような指数関数でした．指数関数の変化は，はじめこそ目立ちませんが，時間の経過につれて恐ろしく速く増加するようになります．そのままにしておくと，人口爆発を招きます．しかし，それよりも速く増加する人口大爆発関数はないのでしょうか？

 指数関数より速く増加する関数はあるでしょうか？

はたして，指数関数よりも速く増大する関数を発見できるでしょうか？　その期待を胸に秘めながらもう一度，微分方程式 (2.8) を眺めましょう．

左辺の人口増が y に比例しています．しかし，人口増が常に y に比例するという保証はありません．たとえば，人口増が y^2 に比例する場合，人口 y はいったいどんな振る舞いを示すのでしょう？　式 (2.8) は，比例定数を s とすると，

$$\frac{dy}{dt} = sy^2 \tag{2.30}$$

と置き換わります．右辺は y^2 に比例するので，y の関数としてプロットすると放物線になります．もはや線形ではありません．この種の微分方程式が **1 階非線形微分方程式**です．大学の数学らしいハイレベルな名称です．

非線形微分方程式は，科学のあらゆる分野で大活躍しています．式 (2.30) は，人口が大きくなるほど式 (2.8) よりも急

激に人口増加が加速することを示しています。指数関数以上の人口大爆発です。この式を解いてみたいという好奇心が高まりました。どうすれば解けるでしょうか？

アワワ，いよいよ人口大爆発？

これも微分方程式 (2.8) と同様に，変数分離法を使えばよいのです。つまり，y に関する項を左辺に集め，t に関する項を右辺に集めます。

$$\frac{\mathrm{d}y}{y^2} = s\mathrm{d}t$$

そして，両辺を積分します。

$$\int \frac{\mathrm{d}y}{y^2} = \int s\mathrm{d}t$$

左辺は $-\frac{1}{y} + C'$，右辺は $st + C''$ となりますから，積分定数をまとめて C とすると，

$$-\frac{1}{y} = st + C$$

を得ます。これを y について解けば，式 (2.30) の一般解になります。

$$y = -\frac{1}{st + C} \tag{2.31}$$

けれど，何か妙ですね。指数関数より速い関数なのに，こんな平凡な分数関数でよいのでしょうか？ たじろがずに計算を進めてみましょう。式 (2.13) の場合と同じく，$t = t_0$ での人口が y_0 であるとします。それらを式 (2.31) に代入すると，積分定数 C が求められます。

$$y_0 = -\frac{1}{st_0 + C}$$
$$\therefore C = -st_0 - \frac{1}{y_0}$$

これを一般解 (2.31) に代入します。

$$y = -\frac{1}{st - st_0 - \dfrac{1}{y_0}}$$

これをまとめると，次のような特殊解を得ます。

$$y = \frac{y_0}{1 - y_0 s(t - t_0)} \tag{2.32}$$

けしからん。平凡な分数関数です。これのいったいどこが人口大爆発なのでしょう？ 疑いを大爆発させる前に少しだけ落ち着いて，式の分母に注目しましょう。分母がゼロになることはないのでしょうか？ 分母をゼロと置き，t について解いてみます。すると，

$$y_0 s(t - t_0) = 1$$

より，

$$t - t_0 = \frac{1}{y_0 s}$$
$$\therefore t = t_0 + \frac{1}{y_0 s}$$

のときに分母がゼロとなり人口が無限大になることがわかります！

式 (2.32) が示しているのは，$t - t_0$ で y_0 であった人口が

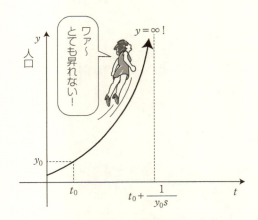

図 2-6　これが本当の人口爆発（式 (2.32)）

無限大になるまで有限な時間 $\frac{1}{y_0 s}$ しかかからない，ということです（図 2-6 参照）。指数関数では人口が無限大になるまで無限の時間が必要ですから，この一見目立たない分数関数は，指数関数よりも速い人口増加を示すことがわかります。

人口研究者の間では，この種の人口爆発が起こる日を**運命の日**（doom's day）とよぶことがあります。一説によると，2035 年あたりがその運命の日であると予測する学者もいるらしいのです（この予測は幸いはずれそうです）が，前述したように，人口が激増すると，資源不足や環境汚染が表面化し，人口増加を抑える劇的変化が起こると思われます。

一般的に不安定な状態では，変数が指数関数的に増大します。おりしも地球温暖化が指摘されています。地球が不安定状態に突入すれば，気温も指数関数的に上昇する可能性があるのです（地球温暖化が式 (2.32) のような関数で表されない

第 2 章 マルサスの今日からできる大予言

ことを祈りましょう！）。

> **学生**「先生，指数関数でもすごい増加速度だと思ったんですが，これはスゴイですね」
>
> **先生**「ウン，そうだね。けど実は，指数関数はとても面白い関数なんだよ」
>
> **学生**「どう面白いんですか？」
>
> **先生**「指数関数の e（自然対数の底，ネピア数）の定義は
> $$e = \lim_{n \to \infty} \left(1 + \frac{1}{n}\right)^n \approx 2.72$$
> です。これを見るととても面白いと思わない？」
>
> **学生**「ヘッ？ どこがですか？」
>
> **先生**「1 を聞いて 10 を知ることと比べてごらん」
>
> **学生**「ウーン，そういわれても，手も足も出ませんが……」
>
> **先生**「カッコの中に 1 があるよね。それに $1/n$ を足しているでしょ。これは 1 を聞いて $1 + \frac{1}{n}$ を知ることだ。そして，$n \to \infty$ の極限をとっているから 1 を聞いて 1 ＋無限小を知ることになるね」
>
> **学生**「ヘーッ，それでも無限回繰り返せば $e \approx 2.72$ まで知恵は増えるんですね」
>
> **先生**「わかってきたね。そういうことです。『チリも積もれば山となる』を表す式です」
>
> **学生**「それでは 1 を聞いて 10 を知る人は？」
>
> **先生**「君がおかしいと思ったように，すぐに知恵が爆発してしまいます。たぶん，100 回聞くはるか前に知識の数が脳細胞の数を超えるだろうね」
>
> **学生**「そんな経験，一度だけでもしてみたいです！」

> **クイズ 6** 指数関数的な人口増を抑える「劇的変化」は，どんな式で表されるでしょうか？

2.9
劇的変化を組み込もう
ロジスティック微分方程式

　線形な微分方程式 (2.8) から，非線形な微分方程式 (2.30) へと探索しました。では今一度，式 (2.8) へ戻り，人口増加を抑える「劇的変化」を探してみましょう。微分方程式 (2.8) は

$$\frac{dy}{dt} = ry \qquad (2.8) \text{の再掲}$$

でした。人口増を抑えるには，右辺をゼロに近づける工夫が必要です。

　今のところ，右辺には線形項しかありませんが，人口が増大するにつれて人口増にブレーキをかけるような項を加えればよいでしょう。そのためには，人口が少ないときは目立たず，大きいときに目立つような項がいいですね。何でしょう？　それが前節で学んだ非線形項です。定数 h を人口抑制率として，ブレーキ項を $-hy^2$ とすればどうでしょう？　つまり，

$$\frac{dy}{dt} = ry - hy^2 \qquad (2.33)$$

とするのです。定数 h が小さければ，y が充分小さいときブレーキ項は無視でき，y はほとんど指数関数的に増大します。

y が大きくなると，ブレーキ項の利き目が大きくなり，人口増に歯止めをかけます．線形項では適切なブレーキがかかりません．

ブレーキ項の人口抑制率 h を，r ともう一つの定数 M を用いて r/M と表します（この定数 M の正体は後述しますが，1 よりはるかに大きな数です）．すると，式 (2.33) は，以下のように書き直せます．

$$\frac{dy}{dt} = ry - \frac{r}{M} y^2 \tag{2.34}$$

式 (2.8) と式 (2.30) を融合した，この 1 階非線形微分方程式には，**ロジスティック微分方程式**というちゃんとした名称がついています．ロジスティック (logistic) とは，兵站（へいたん），食糧，物資などを意味します．1838 年に数学者ベルハルストがベルギーで人口論を展開したとき，食糧を含む資源不足の影響を考慮した有名な式なのです．黒船来航の 15 年前，まだ私たちのご先祖様たちが江戸の太平の眠りをむさぼっていたころです．

楽しめる？ ロジスティック微分方程式を解いてみよう

当然，ロジスティック微分方程式 (2.34) を解いてみたいのですが，どうすればいいのでしょう？ どうすればいいって，今のところ変数分離法しか知りませんから，とにかく変数を分離しましょう．その前に，式 (2.34) の右辺を整理してみます．

$$\frac{dy}{dt} = ry\left(1 - \frac{y}{M}\right) = \frac{ry(M-y)}{M}$$

こうすると，変数を分離しやすいですね。すると，

$$\frac{\mathrm{d}y}{y(M-y)} = \frac{r}{M}\mathrm{d}t$$

と，左辺には y のみ，右辺には t のみ，という変数分離ができました。この式の各辺を積分すればよいのです。線形項と非線形項のせめぎ合いがどのような数式で示されるか，期待しながら積分してみましょう。

$$\int \frac{\mathrm{d}y}{y(M-y)} = \frac{r}{M}\int \mathrm{d}t \tag{2.35}$$

r と M は定数なので，右辺の積分は簡単です。しかし，左辺の積分で少々迷います。ここでトリックを使います。というのは，積分する前に左辺を次のように書き直すのです。

$$\frac{1}{M}\int \left(\frac{1}{y} + \frac{1}{M-y}\right)\mathrm{d}y = \frac{r}{M}\int \mathrm{d}t \tag{2.36}$$

左辺を通分すると，式 (2.35) に戻ります。式 (2.36) の両辺に M を掛けて，

$$\int \frac{\mathrm{d}y}{y} + \int \frac{\mathrm{d}y}{M-y} = r\int \mathrm{d}t$$

という形にすれば，一挙に積分できますね。

> 式 (2.35) から式 (2.36) への変形は，**部分分数分解**とよばれています。部分分数分解は，微分方程式を解くための常套手段でパワフルなワザですから，ぜひ記憶しておいてください！

積分定数をまとめて C' と表すと，左辺は自然対数の差に，右辺は $rt + C'$ になりますから，

第 2 章 マルサスの今日からできる大予言

$$\log_e y - \log_e (M-y) = rt + C'$$

を得ます。ここで，対数の引き算に関する公式

$$\log_a p - \log_a q = \log_a \frac{p}{q}$$

を利用すると，

$$\log_e \frac{y}{M-y} = rt + C'$$

を得ます。さらに，式 (2.11) の下の要点チェックにある対数の定義を使って書き直すと，

$$\frac{y}{M-y} = e^{rt+C'}$$
$$\therefore \frac{y}{M-y} = Ce^{rt}$$

となります (ここで，$e^{C'}$ は定数なので単に C とおきました)。

ここまで，かなり長くなりましたが，最終的な解までもう少しなので我慢してください。次のステップは，もちろんこの式を y について解くことです。まず，両辺に $M-y$ を掛けると，

$$y = Ce^{rt}(M-y)$$

が導かれるので，y を含む項を左辺にまとめましょう。

$$y(1+Ce^{rt}) = CMe^{rt}$$

これから，ついに人口 y が求められます。

$$y = \frac{CMe^{rt}}{1+Ce^{rt}} \tag{2.37}$$

定数 C を含みますから，これがロジスティック微分方程式の一般解です。さて，いつものように時刻 $t = t_0$ で人口が $y = y_0$ であったという初期条件を使って，式 (2.37) の定数 C を具体化しましょう。その条件を代入すると，

$$y_0 = \frac{CMe^{rt_0}}{1 + Ce^{rt_0}}$$

が得られます。両辺をたすき掛けすると，

$$y_0 \left(1 + Ce^{rt_0}\right) = CMe^{rt_0}$$

となります。次に，C を含む項を右辺にまとめます。

$$y_0 = C \left(M - y_0\right) e^{rt_0}$$

これから，ついに定数 C が導かれます。

$$C = \frac{y_0}{M - y_0} e^{-rt_0}$$

この C を，式 (2.37) に代入して整理すると，いよいよ求める特殊解が得られます。

$$y = \frac{\left(\dfrac{y_0}{M - y_0} e^{-rt_0}\right) Me^{rt}}{1 + \left(\dfrac{y_0}{M - y_0} e^{-rt_0}\right) e^{rt}}$$

これでは複雑すぎますから指数部を整理して，分母と分子に $M - y_0$ を掛けると，ちょっときれいな形になります。

$$y = \frac{My_0 e^{r(t-t_0)}}{M - y_0 + y_0 e^{r(t-t_0)}} \tag{2.38}$$

最後の仕上げに，分母と分子を $y_0 e^{r(t-t_0)}$ で割ると整形手

第 2 章　マルサスの今日からできる大予言

術も完了です。

$$y = \frac{M}{1 + \left(\dfrac{M}{y_0} - 1\right) e^{-r(t-t_0)}} \tag{2.39}$$

　長いこと大変ご苦労様でした！ これがロジスティック微分方程式 (2.34) の特殊解です。無事について来られましたか？ しかし，この解は一体全体どんな性質をもつのでしょう？ 特に，ブレーキ効果はどのように作用しているのでしょう？

解の考察 1：ブレーキ効果を確かめよう

　ここでは，ロジスティック微分方程式の解 (2.37) または (2.39) の形状を確認します。そして，定数 M の意味も明らかにします。実際にグラフを描けば一目瞭然なのですが，グラフなしでどこまで確認できるか，楽しみながら進めていきましょう。

　まず解 (2.39) において，$t = t_0$ から出発した直後，$|r(t-t_0)| \ll 1$ のとき，指数関数部はほとんど 1 ですから，もし $M/y_0 \gg 1$ なら，分母はほぼ M/y_0 に等しくなります。よって，式 (2.39) は

$$y \approx y_0 e^{r(t-t_0)}$$

と近似できます（ここで，"$\approx$" は「近似的に等しい」の意でしたね）。すると，t が充分小なら，式 (2.39) は指数関数で表されることがわかります。この時間帯では人口が少ないために，ブレーキ効果がまだ発揮されていないからです。

それでは充分長い時間が経過するとどうでしょう。その場合，式 (2.39) の指数関数部はほとんどゼロになるので，この部分は無視できます。こうして，充分 t が大きいときの人口が導かれます。

$y \approx M$

これでやっと定数 M の意味がわかりました！ つまり，$t \to \infty$ のときの y に相当する飽和人口 $y(\infty)$ が M だったのです。とどのつまり，$y(\infty) = M$ ということです。指数関数的な人口爆発が，ロジスティック微分方程式の非線形項によるブレーキ効果によって抑制されて，一定値 M に飽和するのです。そのため $M/y_0 \gg 1$ の仮定もほぼ常に成立します。

> このような人口の振る舞いは，そもそものロジスティック微分方程式 (2.34) から掘り起こせないものでしょうか？ 実はできます。人口が飽和するにつれて，人口増を表す式 (2.34) の左辺はゼロに近づきます。そこで，左辺 = 0 とおくと，
>
> $$0 = ry - \frac{r}{M}y^2 = ry\left(1 - \frac{y}{M}\right)$$
>
> という方程式を得ます。その解はもちろん，$y = 0$ と $y = M$ です。ですから，$y = M$ のときに人口増がゼロになることが再確認できました。では，$y = 0$ のときも，人口増はゼロなのでしょうか？ これは人口が非常に少ないとき，つまり t が充分小のとき，指数関数の始まりの部分では，やはり傾きがほとんどゼロになることに対応しています。

ところで人口は，表面上は簡単に飽和しているように見えますが，実際問題としてこのように急激な人口の抑制が起こ

第 2 章 マルサスの今日からできる大予言

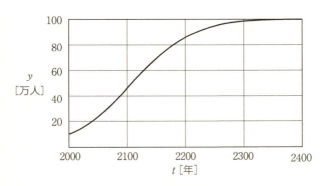

図 2-7 シグモイド曲線のグラフ

ると、世界はかなりの混沌(カオス)状態になるでしょう。「1 人の死は悲劇だが 100 万人の死は統計にすぎない」という有名な言葉を思い出しますね。だからこそ、数式の背後に潜む意味を常に汲み取ろうとする努力を怠ってはならないと思います。

グラフなしでここまで確認できました。実際のグラフを図 2-7 に示しますので、上の諸結果とグラフを比較して計算結果の有効性を確かめましょう。

この都市の人口ははじめこそ指数関数的に急増するものの、ブレーキ効果のため増加率が落ち、2300 年に $M = 100$ 万人でほぼ飽和しています。

式 (2.39) に従うこのようなグラフを**シグモイド曲線**とよびます。シグモイド曲線は生物学や人工知能の研究などにも盛んに利用されています。

解の考察 2：面白そう。けど，役に立つ？

解 (2.39) は本当に役に立つのか？ 個体数がシグモイド曲線に従って増加する生物など存在するのだろうか？ これはいい質問ですね。授業を受けるときや本を読み進めるとき，「これはいったい何の役に立つのだろう？」という問いを発することはとても大切です。自分では答えられないときは，先生にたずねてみてください。私たちがかなりのページ数を割いて導いた解 (2.39) はどの程度有用なのでしょう？ これも考察ですね。

ある系（システム）の特性を式を使って表し，それを解いて理解することを**シミュレーション**とよびます。ここでは人口をロジスティック微分方程式でモデル化して，シミュレーションしているわけです。

さて，ベルハルストは（後にはパールとリードという生物学者も）米国の将来の人口を，シグモイド曲線を使ってシミュレーションしました。さて，はたしてその予測はうまく的中したのでしょうか？

ベルハルストのシミュレーション結果は図 2-8 のとおりです。図 2-8 を見ると，20 世紀半ばまでは見事に予想通りの増え方です。しかし，21 世紀に入ると予測と現実に差が生じ始めます。シミュレーションによれば，人口は 2 億人程度で横ばいになり始めるはずなのですが，実際にはまだその傾向はなく 3 億を超えています（2018 年 5 月時点で 3 億 2775 万人）。なぜブレーキ効果が出ないのでしょう？ その背後には米国の豊かな資源と共に，大量の移民や外国貿易の存在があるのです。

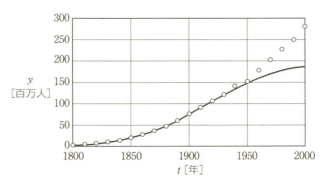

図 2-8　現実への応用：米国の人口予測と現実

　実は，外界との接触がない状態では，ロジスティック微分方程式とその解は，菌や昆虫の個体数の増加をよく説明できることが知られています（実験室内で飼育される大腸菌や酵母菌，プランクトンのゾウリムシ，そして昆虫のショウジョウバエなどです）。しかし，外界と自由な接触がある場合は，資源枯渇などによるブレーキ効果が表れにくく，個体数はシグモイド曲線に従いません。米国の人口の場合，移民や貿易を介して外界との接触がかなりありますから，シグモイド曲線では正確に表せないのです。

― 要点チェック ―

〈変数分離法〉
　一般に，変数 t だけの任意の関数 $f(t)$ と変数 y だけの任意の関数 $g(y)$ を用いて，

$$\frac{\mathrm{d}y}{\mathrm{d}t} = f(t) \cdot g(y)$$

と書ける微分方程式を変数分離形といいます。本章で学んだ微分方程式はすべてこの形をしています。これは，次のように変形して解きます。

$$\frac{\mathrm{d}y}{g(y)} = f(t)\,\mathrm{d}t$$

この式の両辺が積分可能であれば，微分方程式は解けます。

答え
【クイズ1】の答え　読み進めてください。
【クイズ2】の答え　読み進めてください。
【クイズ3】の答え　読み進めてください。
【クイズ4】の答え　読み進めてください。
【クイズ5】の答え　読み進めてください。
【クイズ6】の答え　読み進めてください。

第3章

ロケットから水時計まで ガリレオ博士の超科学

～1階微分方程式の一般化～

目標——一般化された1階線形微分方程式を解けるようになろう。具体的には，次のような微分方程式を「定数変化法」という方法で解くワザを身につけよう。

$$y' = f(t)y + h(t)$$

学生「先生,『一般化』って何ですか? いやに難しそうな響きですが」

先生「ウン,いい質問ですね。たとえば,ここまで学んだ基本的な微分方程式は,式 (2.8) でした。つまり,

$$\frac{dy}{dt} = ry \tag{3.1}$$

だね?」

学生「ハイ,私でもまだ覚えてます」

先生「それを少し一般化したものがロジスティック方程式

$$\frac{dy}{dt} = ry - \frac{r}{M}y^2$$

なんだ。この式の M を無限大にすると,式 (3.1) に戻るね」

学生「フーン,一般化って,式を難しくすることですか?」

先生「ロジスティック方程式は y^2 の項を含む非線形微分方程式なので難しいと思うかもしれないけれど,一般化とは要するに,より広い問題に適用できるようにすることです」

学生「ヘエー,一般化できるとその式でもっとたくさんの問題が解けるんですね。便利そう! では,式 (3.1) をどのように一般化するんですか?」

先生「ウン,一般化すると,次のようになります。

$$y' = \frac{dy}{dt} = ry + k \tag{3.2}$$

k は定数。思ったよりはるかに簡単そうでしょ?」

学生「屁の河童,という感じですね」

先生「まずは,この簡単そうな微分方程式の解を求めてみよ

第 3 章　ロケットから水時計まで　ガリレオ博士の超科学

うね」
学生「はあ〜，やさしそうで良かったァ〜（心から安堵）」
先生「さあ，それでは式 (3.2) を一緒に解いてみよう」
学生「…………」
先生「先生はもう解けたよ（自慢にはなりませんね）。答えは $y = -\frac{k}{r}$ です」
学生「エー？　エー？　そんなに簡単なんですかァ？　なんだか怪しいなあ」
先生「ウン，怪しむことはよいことです。怪しいと思うなら，答えを式 (3.2) に代入してチェックしてごらん」
学生「よおーし，左辺は $\frac{dy}{dt} = \frac{d}{dt}\left(-\frac{k}{r}\right) = 0$ ですね。右辺は $ry + k = r\left(-\frac{k}{r}\right) + k = 0$ だから，$0 = 0$。ウーン，これは答えになってますねェ。けど，簡単すぎるなあ」
先生「ウン，式 (2.8) より簡単だから，ちょっとおかしいね。実は，この解は特殊解です。一般解ではありません」
学生「あまりに特殊すぎて役に立たないんじゃないですか？」
先生「そうでもないよ。この微分方程式は変数分離形なので，式 (2.8) つまり式 (3.1) の解法に沿って解けるけど，この種の微分方程式にはもう一つ重要な解法があります。それは『微分方程式の特殊解の一つと，その微分方程式に対応する斉次式の一般解の和が，その微分方程式の一般解である』というものです」
学生「先生，その変な『斉次式』っていったい何ですか？　難しそうな響きですね」
先生「残念ながら，その難しいという直感は外れてるな」
学生「ハハハ。♪外れてうれしや花いちもんめ♪」
先生「『斉』には『そろえる，整える』という意味があるね。だから，『斉次』式とは，未知関数（ここでは y）とその導関数（ここでは $\frac{dy}{dt}$）の『次』数を『そろえた』式な

> んだ。だから『同次式』とか『同次形』という人もいる。つまり，式 (3.2) で定数 k をゼロとすると，残った項は y に関して 1 次だよね。だから式 (3.1) が式 (3.2) に対応する斉次式ですね」
>
> **学生**「なるほど！ ということは，その一般解って……」
>
> **先生**「そう，式 (2.13) だよ。つまり，C を積分定数として
>
> $$y = Ce^{rt} \tag{3.3}$$
>
> です」
>
> **学生**「とすると，式 (3.2) の一般解は次のようになるんですか？」
>
> $$y = Ce^{rt} - \frac{k}{r} \tag{3.4}$$
>
> **先生**「そのとおり！ ご名答！」
>
> **学生**「本当かなぁ……？」

3.1
もっと自由を！
1 階微分方程式の一般化

この章のキーワードは，なんといっても**斉次式**と**非斉次式**です。

「斉次方程式」「斉次微分方程式」「斉次形の微分方程式」というよび方をする本も少なくありませんが，この本では一番短い「斉次式」を使うことにしましょう。非斉次についても同様です。

さて，1階線形微分方程式

$$\frac{dy}{dt} = ry + k \quad (r, k はともに定数) \tag{3.5}$$

の一般解が本当に式 (3.4) かを確かめたいとします．微分方程式 (3.5) に対応する斉次式の解 y_0 は

$$\frac{dy_0}{dt} = ry_0 \tag{3.6}$$

を満たします．そして微分方程式 (3.5) の特殊解 y_1 は，微分方程式 (3.5) を満たすので，

$$\frac{dy_1}{dt} = ry_1 + k \tag{3.7}$$

となります．はたして，$y = y_0 + y_1$ は，式 (3.5) の一般解になっているでしょうか？ 証明してみましょう．

ためしに，$y = y_0 + y_1$ を式 (3.5) に代入しましょう．すると，

$$\frac{d(y_0 + y_1)}{dt} = r(y_0 + y_1) + k$$

となります．この等式が成り立っていれば，$y = y_0 + y_1$ は一般解です．まず，上式をバラすと

$$\frac{dy_0}{dt} + \frac{dy_1}{dt} = ry_0 + ry_1 + k$$

となります．これは単に式 (3.6) と式 (3.7) の両辺の和なので成り立っています．ハイ，これで証明終わりです．とても簡単ですね？ 最初の目標である式 (3.2) または (3.5) の一般解は (3.4) であることがわかりました．

> 重要：非斉次式の一般解は，斉次式の一般解および非斉次式の特殊解の和で与えられる。

💡 なお蛇足ですが，斉次形・非斉次形という区別が成り立つのは線形微分方程式だけ，ということに注意してください。非線形微分方程式の場合は，もともと y とその導関数について 1 次にそろっていないので，斉次形・非斉次形という区別に意味がないのです。

しかし，これが何かの役に立つのでしょうか？ 心配ご無用。以下の例題で体験できるように，非常に役に立つのです。

3.2
物理の定番，加速運動への応用

せっかく勉強した式 (3.2) とその解の応用問題を少し解いてみましょう。まずは物理の落下問題です。空気中を落下する物体の速度を求めましょう。エッ，そんなの何百年も前にガリレオがすでに結論を出しているって？ そうそう，ピサの斜塔の上から重い鉛球と軽い木球を同時に落としたガリレオは，両方の球がほぼ同時に着地すると結論付けたのでした（ただし，このピサの斜塔の話を後世の創作だとする説もあります）。

ガリレオ

(alamy/PPS 通信社)

第3章 ロケットから水時計まで　ガリレオ博士の超科学

しかし，ピサの斜塔にわざわざ登らなくても，とりあえず微分方程式で空気抵抗にも配慮しつつ，ガリレオの実験結果を吟味しようではありませんか？

― \ナットク/ の例題 3-1 ―

● 等加速度運動への応用
（応用分野：物理学，機械工学，航空宇宙工学）
　時刻 $t=0$ で静止している「充分小さな」物体を地球上で落下させるとき，t 秒後の速度を求めなさい。ただし，空気抵抗を考慮します。

【　答え　】空気の影響を無視できる場合は簡単で，すでに第2章で学びました。ニュートンの運動方程式

$$F = ma \tag{3.8}$$

から出発し，質量 m を消去して導いた微分方程式は

$$\frac{dv}{dt} = -g \tag{3.9}$$

で，初速がゼロの場合の（特殊）解は

$$v = -gt \tag{3.10}$$

でした。さて，空気などの流体中で物体が受ける抵抗には2種類あります。物体の速さが小さい場合と大きい場合とで，抵抗の効き方は大きく異なるのです。具体的には，物体の速さが小さいときにはその速さに比例し，物体の速さが大きいときには速さの2乗に比例します。ここでは，物体の初速はゼロですから，落下を始めてしばらくは，主に速度が遅い場合の抵抗力 F_r が利いてきます。それを数式で表すと，

$$F_{\rm r} = -bv \tag{3.11}$$

になります。ここで，空気抵抗は物体の速度の逆向き（運動を妨げる向き）に作用するので，マイナスです。

 さらに厳密な空気抵抗の表式については後述します。もっと一般的な場合に有効な解も導きますから，お楽しみに！

結果的に，上向きを正とすると，落下する物体の場合，速度 v は下向き，つまり負になるので，空気抵抗は上向きに作用します。すると，図 3-1 のように，この物体には下向きの重力 $-mg$ と上向きの抵抗力 $-bv$（$v < 0$，つまり下向きなので）が作用しますから，運動方程式は

$$ma = m\frac{{\rm d}v}{{\rm d}t} = -mg - bv$$

となります。この両辺を m で割って整理すると，

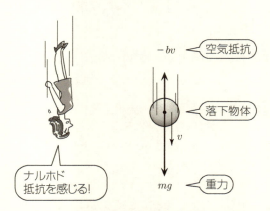

図 3-1 落下する物体に働く重力と空気抵抗力

第 3 章　ロケットから水時計まで　ガリレオ博士の超科学

$$\frac{dv}{dt} = -\frac{b}{m}v - g \tag{3.12}$$

💡 すでにこの時点で，この物体の速度が飽和することがわかります。ここでの最終速度は，ロジスティック方程式の飽和人口 M に相当するものです。その速度に達したとき，物体の加速度＝式 (3.12) の左辺はゼロになるはずです。したがって，$v = -mg/b$ が最終速度です。

式 (3.12) で，空気抵抗をゼロにするため $b \to 0$ とすると，2.3 節の例題で学習した，自由落下する物体の微分方程式になります。

$$\frac{dv}{dt} = -g$$

そしてその解は

$$v = -gt \tag{3.13}$$

でした。t が大きくなるに連れて限りなく加速されるようすを表しています。とにかく式 (3.12) は，式 (3.5) に似た形の微分方程式になりますね。論より証拠，置き換え

$$v \to y,$$
$$-\frac{b}{m} \to r,$$
$$-g \to k$$

を行うと，式 (3.5) になります。「式が同じなら解も同じ」なので，式 (3.12) の解は，式 (3.4) で上と逆の置き換えを行うことにより，簡単に求められます。

$$v = Ce^{-\frac{b}{m}t} - \frac{mg}{b} \tag{3.14}$$

これは一般解ですから,初期条件:$t=0$ で $v=0$ を代入しましょう。

$$0 = C - \frac{mg}{b}$$

となりますから,

$$C = \frac{mg}{b} \tag{3.15}$$

を得ます。これを式 (3.14) に代入すると,空気抵抗を受けながら落下する物体の速度が得られます。

$$v = \frac{mg}{b}\left(e^{-\frac{b}{m}t} - 1\right) \tag{3.16}$$

ガリレオのミス? 重いものほど速く落ちるゾ!

さて,重要な考察タイムです。解 (3.16) についていろいろと考えてみましょう。ガリレオ以前の時代には,古代ギリシャの哲学者アリストテレスが主張したように「重いものほど速く落ちる」と思われていました。解 (3.16) によれば,$t \to \infty$ のとき,物体の速度は $-mg/b$ に近づき,それ以上加速されないことがわかります。この速度 $-mg/b$ には,**終端速度**または**臨界速度**という名称が付けられています。

落下物体は,終端速度を超えて加速されることはありません。なぜなら,この速度で落ちるとき重力と抵抗力が

アリストテレス

(De Agostini/
G. Nimatallah/
PPS 通信社)

釣り合っており，物体に働く正味の力はゼロだからです（式 (3.12) 直下の🐾参照）。実際，終端速度を，空気抵抗を表す式 (3.11) に代入すると，$-bv = -b(-mg/b) = mg$ となり，重力と同じ大きさで逆向きになることが確認できます。そして，抵抗係数 b が小さく，質量 m が大きいほど，終端速度は大きくなります。まさに重いものほど速く落下するのです！

ガリレオが出した結論はこれとまったく異なり，重いものも軽いものも同じ速さで落ちるというのです。ピサの斜塔で行ったといわれるガリレオの実験は，間違いだったのでしょうか？

ところで，空気抵抗がないときの解 (3.13) と，あるときの解 (3.16) はまったく似ていないように見えますが，これらの関係はどうなっているのでしょう？ 空気抵抗の係数 b が小さくなれば，式 (3.16) は式 (3.13) に近づくはずですね。一見してそうなるようすはありません。ここで，指数関数の重要な特性を利用します（よく使うので覚えてください）。

> **重要トリック（指数関数の近似式）**：指数関数の指数の絶対値が 1 より充分小さい（$|x| \ll 1$）とき，次の近似式が成り立つ。
> $$e^x \approx 1 + x \tag{3.17}$$

ですから，式 (3.16) の指数部が充分小さいとき，式 (3.16) は

$$v \approx \frac{mg}{b}\left(1 - \frac{b}{m}t - 1\right)$$
$$= -\frac{mg}{b}\left(\frac{b}{m}t\right) = -gt$$

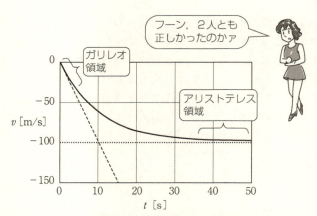

図 3-2 空気抵抗を受けながら落下する物体の速度（$b/m = 0.1\,\mathrm{s}^{-1}$ の場合）

と近似されます。つまり抵抗係数 b や時間 t が充分小さく，質量 m が充分大きければ，空気抵抗は無視でき，物体の落下は自由落下として扱えるわけです。

図 3-2 には，空気抵抗を受けながら落下する充分小さな物体の速度の変化を示しました（ここで，$b/m = 0.1\,\mathrm{s}^{-1}$）。破線は空気抵抗がない場合の自由落下のケース，つまり $v = -gt$ に相当します。落ち始めは空気抵抗が無視できるほど小さく，速度は破線に沿い，自由落下で近似できます。これがガリレオの考えが有効な領域です。しかし図には，最終的には速度が終端速度である $v = -mg/b = -98\,\mathrm{m/s}$（点線）に漸近することが示されています。重いものほど速く落ちるアリストテレス領域です。つまり，ガリレオの考えはこの領域では通用しないのです。そして，2つの領域を統一（一般化）したのが式 (3.16) です。

第 3 章 ロケットから水時計まで ガリレオ博士の超科学

最後に，物体の速度がある程度大きくなると，空気抵抗は本質的に速度の2乗に比例するようになりますから，微分方程式 (3.12) は使えません。そして，以下に説明するように，この2乗項は物体の大きさに依存します。だからこそ，この物体を「充分小さな」物体に限定したのです。結局，アリストテレスもガリレオも正しい領域がそれぞれ存在するのです。

Column 4

抵抗があると何が変わる？

高速道路での運転中に体験できますが，自動車のアクセルを踏み込んでいるのに加速しないことがあります。ニュートンの運動方程式，$F = ma$ が破れているのでしょうか？ いえいえ，車が抵抗を受けるからですね。固体表面上を動く物体が摩擦による抵抗を受けることは，よく知られています。

路面からの摩擦抵抗以外にも，空気や水などの流体（気体および液体）中を動く物体は，多かれ少なかれ抵抗を受けます。静止流体中を速度 v で動く物体には一般に，抵抗 $-bv - cv^2$ が作用します。b, c は抵抗係数です。自動車の運動には，路面からの摩擦抵抗だけでなく空気抵抗が深く関連します。このように抵抗は，日常生活でもそれ以外の技術面でも非常に重要な働きをするのです。

速度 v が小さいと，流体と物体間の運動は渦を作りません。このとき運動は線形的といいます。そして，**粘性抵抗**とよばれる v に比例する抵抗（$-bv$）が働きます。これは，物体が粘性の大きな媒質中（油など）を動くときにとくに強く働きます。係数 b は媒質の性質や物体の，速度に垂直な方向のサイズに依存します。ですから，大きな物体ほど強い粘性抵抗を受けます。

他方，v が大きくなると，運動する物体の周りに渦などが生じ，物体と流体の運動が非線形的な乱流状態になりますから，v の2乗に比例する**慣性抵抗**（$-cv^2$）が働きます。係数 c は媒質の密度や物体の，速度に垂直な方向の断面積に比例します。この場合，サイズではなく断面積に比例しますので，大きな物体ほど強い抵抗を受けます（例：パラシュートやパラグライダー）。そして v の2乗に比例しますから，高速物体ほど慣性抵抗というブレーキを受けやすいのです。この点は，人口増加のブレーキ項を含むロジスティック微分方程式によく似ています（2.9節参照）。抵抗を最小にするため，高速飛行物体であるロケットやジェット機はその断面を極力小さくするように設計されています。

　このように，加速中の物体には低速時は粘性抵抗が強く働きますが，高速になるにつれて慣性抵抗が作用するようになります。飛行機，ロケットは元よりスカイダイバーや野球ボールまで，主に慣性抵抗が重要な役割を担っています。しかし，物体が充分小さければ，空気中でも物体の半径に比例する粘性抵抗の方が，断面積（半径の2乗）に比例する慣性抵抗よりも強くなります。そんなわけで例題 3-1 では，物体を「充分小さな」ものに限定したのです。

3.3
電気のダムに注水だ！
コンデンサー回路への応用

　さて，世の中には電気電子製品が満ちあふれ，今では機械製品の代表である自動車さえもかなり電気電子製品的になりました。それら電気電子製品の基本である電気回路こそが，

1階微分方程式の次なる活躍の場です。ところで，複雑な電気電子回路を設計するときに役立つのが前述したシミュレーションで，市販のコンピュータソフトを使えば誰でも簡単にできます。多くの場合，シミュレーションとは微分方程式を数値的に解くことですから，まずは，ごく簡単な電気回路の微分方程式から始めましょう。

＼ナットク／の例題 3-2

- **コンデンサー回路への応用（応用分野：電気電子工学）**

簡単なコンデンサー回路に電圧 V_0 の電池を直列に挿入して図 3-3 のような回路を作ります。このとき，コンデンサーには電荷が蓄えられていないとします。スイッチを閉じた後，この回路に流れる電荷 Q を求めなさい。

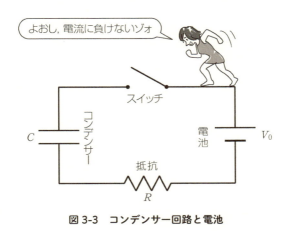

図 3-3　コンデンサー回路と電池

【 答え 】まず，電荷 Q に関する微分方程式を求めてみましょう。このとき，例題 2-4 の回路とは少々異なり，電池によって高められた電圧はコンデンサーと抵抗を介して降下し，電池のマイナス側ではゼロに戻る（**キルヒホッフの第2法則**といいます）ことを利用します。

さて，2.6 節で学んだように，コンデンサーの両端にかかる電圧は

$$V = \frac{Q}{C}$$

です。そして，抵抗の両端にかかる電圧はオームの法則から

$$V = IR = \frac{dQ}{dt}R$$

でした。ここで，電荷と電流の関係式 $I = dQ/dt$（式 (2.20)）を利用しました。これらの和が電池の電圧に等しいので，

$$R\frac{dQ}{dt} + \frac{Q}{C} = V_0$$

となり，両辺を R で割って整理すると，

$$\frac{dQ}{dt} + \frac{Q}{RC} = \frac{V_0}{R} \tag{3.18}$$

を得ます。これが解くべき微分方程式です。なるほど，式 (3.2) または式 (3.5) をまた書いてみると，

$$\frac{dy}{dt} = ry + k$$

ですから，よく似ていますね。

この時点で，飽和電荷が求められますね。そう，$dQ/dt = 0$ とおけばよいのです。

第 3 章 ロケットから水時計まで ガリレオ博士の超科学

微分方程式 (3.5) で，置き換え

$$y \to Q,$$
$$r \to -\frac{1}{RC},$$
$$k \to \frac{V_0}{R}$$

を行うと，解 (3.4) が利用できます。積分定数は大文字の C で書くのがふつうですが，ここではコンデンサーの電気容量の記号としてすでに使われているので，代わりに c で表しましょう。

$$y = ce^{rt} - \frac{k}{r}$$
$$\Rightarrow Q = ce^{-\frac{t}{RC}} + \frac{RCV_0}{R} = ce^{-\frac{t}{RC}} + CV_0 \qquad (3.19)$$

これが一般解です。初期条件によれば $t = 0$ の時点で $Q = 0$ なので，これらを上式に代入すると，

$$Q = 0 = c + CV_0$$

ですから，初期条件を満たすような積分定数 c は

$$c = -CV_0$$

と求まります。よって，これを一般解 (3.19) に代入して，ついに

$$Q = CV_0 \left(1 - e^{-\frac{t}{RC}}\right) \qquad (3.20)$$

という特殊解が導けました。これこそが求める解答です。式 (3.16) によく似ていますね。この電荷 Q が時間 t とともに

増大し，やがて飽和します。そのとき，よく知られた関係式 $Q = CV_0$ が成り立ちます。

最後に，この回路に流れる電流 I も求めてみましょう。電荷と電流の関係式 $I = dQ/dt$ を利用すると，

$$I = \frac{dQ}{dt} = \frac{d}{dt}\left\{CV_0\left(1 - e^{-\frac{t}{RC}}\right)\right\}$$
$$= CV_0\frac{d}{dt}\left(-e^{-\frac{t}{RC}}\right) = CV_0\left(\frac{1}{RC}\right)e^{-\frac{t}{RC}}$$

したがって，求める電流は

$$I = \frac{V_0}{R}e^{-\frac{t}{RC}} \tag{3.21}$$

となります。$t = 0$ の直後では，t がまだ RC（2.6節で紹介した時定数）に比べて小さく，指数部はほぼ0ですから，指数関数の値はおよそ1です。このとき，コンデンサーは単なる導線のように働くため，回路はほぼ抵抗回路のように振る

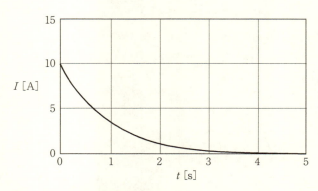

図 3-4　電流の時間依存性（$RC = 1$ 秒，$CV_0 = 10$ クーロン）

舞い，オームの法則 $V_0 = IR$ が成り立つことがわかります。しかし，t が充分大きくなると，指数関数部はほぼゼロになります（図 3-4 参照）。コンデンサーが電荷で飽和するため，電流が流れなくなるからです。

先生「さて，式 (3.2) のような比較的簡単な微分方程式でもかなり使えることがわかったので，この辺で式 (3.2) をもう少しだけ一般化してみましょう。覚悟はいいですか？」

学生「ハーイ，でも，どうぞお手柔らかにお願いしますゥ」

先生「一歩一歩しか前進しないから，心配無用だよ。式 (3.1) は，
$$\frac{\mathrm{d}y}{\mathrm{d}t} = ry$$
でしたから，これを次のように一般化します。
$$\frac{\mathrm{d}y}{\mathrm{d}t} = f(t)y \tag{3.22}$$
つまり，右辺で y の係数が定数ではなく，t の関数になるように一般化したのです」

学生「先生，一般化といっても，定数項 k がなくなって，むしろ簡単になったようにも見えますね」

先生「そうだね。簡単なはずだね。見覚えないかな？」

学生「見覚えって？ 過去に出会ったことがあるということですか？」

先生「Right！ 第 2 章の章末の要点チェックの式を見てください。こうなっていますね。
$$\frac{\mathrm{d}y}{\mathrm{d}t} = f(t) \cdot g(y)$$
思い出しましたか？」

学生「忘れましたァ！」

先生「……（絶句）。この式こそが変数分離形の定義式でしたね。では，今これを見て式 (3.22) と比べてみてください」

学生「アッ，一般化と言っても $g(y) = y$ だから，式 (3.22) のほうが簡単になってる！ 退化してるじゃないですか！ 先生，手抜きですかァ？」

先生「いやいや，すぐ物忘れする学生さんを想っての親心，慈悲の心の表れだよ」

学生「お有難うございます……。しかし，何となく馬鹿にされてもいるような」

先生「そこまで悪く取らないでね。上の式もまだ解いていなかったからね。一歩一歩慎重に進めているだけだから……。それでは，種明かしをしよう。私たちが目標にしている一般化された微分方程式は，

$$\frac{\mathrm{d}y}{\mathrm{d}t} = f(t)y + h(t) \tag{3.23}$$

という形をしたものなんだ。ここで，右辺で $h(t) = 0$ とすると，式 (3.22) になるね。式 (3.23) を解く前に，それより簡単な式 (3.22) を解こうとしているだけなんだよ。納得できた？」

学生「ハイ，なんとか」

先生「さて，では，式 (3.22) はどうやって解けるかな？」

学生「アッ，わかった。実際に変数分離すると

$$\frac{\mathrm{d}y}{y} = f(t)\mathrm{d}t$$

になりますから，それを積分して

$$\int \frac{\mathrm{d}y}{y} = \int f(t)\mathrm{d}t$$

> が導けます。左辺の積分は自然対数になり、積分定数 C' を用いて、
>
> $$\ln y = \int f(t)\mathrm{d}t + C'$$
>
> を得ます。指数対数の定義式から、エーット、これは、
>
> $$y = e^{\int f(t)\mathrm{d}t + C'}$$
>
> と直せます。一応これが解ですけど、さらに $e^{C'} = C =$ 定数 とおくと、
>
> $$y = Ce^{\int f(t)\mathrm{d}t} \tag{3.24}$$
>
> と、より簡潔に表せます」
>
> **先生**「ウーン、君もかなり進歩したねェ〜。そこまで変数分離形を解けるとは！」
>
> **学生**「へヘッ、すごいでしょ。エヘンッ！」

3.4
1階非線形微分方程式に挑戦！

　これから1階非線形微分方程式の応用問題に挑戦してみましょう。まずは簡単なものから。

人体に40兆個！ 細胞成長のモデル

　人間一人当たり実に約40兆個（以前は60兆個といわれていました）もの細胞をもっていて、それらの一つひとつが生成・分裂・消滅を繰り返しています。細胞の成長は人体を支

えています。ここでは，細胞成長について調べてみることにしましょう。

＼ナットク／の例題 3-3

● **細胞成長のモデル（応用分野：生物学）**

今，時刻 t における細胞の質量を m とします（一つの細胞は半径 r の球体と仮定）。細胞を成長させる栄養分は細胞膜から浸透するので，質量の初期の増加率は，細胞の表面積に比例します。

(1) この事実をもとにして，細胞成長を表す微分方程式を導きなさい。
(2) それを解いて，細胞の質量が時間的に発展するようすを表しなさい。
(3) 質量が 2 倍に成長するために必要な時間を求めなさい。

【 答え 】 (1) 細胞の成長モデルを作る問題です。(2) では細胞質量の時間発展を求めることになっているので，dm/dt を評価する必要がありますね。それは細胞がもらい受ける栄養分に比例するでしょう。そしてその量は表面積に比例します。その表面積は半径 r の 2 乗に比例するので，比例定数を k' とすると，次の微分方程式を得ます。

$$\frac{dm}{dt} = k'r^2$$

ところが，細胞の質量 m は体積に比例し，体積は半径 r の 3 乗に比例するので，m は r^3 に比例します。よって，r^2 は $m^{2/3}$ に比例することになります。これを上式に代入し，比

例定数を k とすると,
$$\frac{dm}{dt} = km^{\frac{2}{3}}$$
が導かれます。これはやさしい非線形微分方程式ですね。

(2) 上式はもちろん変数分離形ですから,
$$m^{-\frac{2}{3}} dm = kdt$$
と分離できます。両辺を積分しましょう。
$$\int m^{-\frac{2}{3}} dm = \int kdt$$
$$3m^{\frac{1}{3}} = kt + C'$$

ここで C' は積分定数です。式を簡単にするため, $K = k/3$, $C = C'/3$ とおき, 両辺を3乗して整理すると,
$$m = (Kt + C)^3$$
が導かれますが, $t = 0$ での質量を m_0 とすると, この式から,
$$m_0 = C^3$$
を得ます。これを C について解き ($C = m_0^{\frac{1}{3}}$), もとの式に代入すると
$$m = \left(Kt + m_0^{\frac{1}{3}}\right)^3$$
$$= m_0 \left(\frac{Kt}{m_0^{\frac{1}{3}}} + 1\right)^3 \tag{3.25}$$
と表されます。これこそが細胞の質量が時間発展するようす

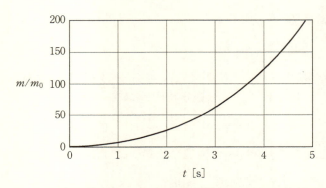

図 3-5　良性細胞ならいいのだが……瞬く間に成長する細胞の質量

です。時間 t が充分大きくなると，時間の 3 乗に比例することがわかります。これは，図 3-5 のようにかなり速い成長ですね。図 3-5 は，$K/m_0^{1/3} = 1\,\mathrm{s}^{-1}$ としたときの細胞の質量を示したものです。

(3) 質量が 2 倍になるとき，式 (3.25) の左辺は $2m_0$ になりますから，

$$2m_0 = \left(Kt + m_0^{\frac{1}{3}}\right)^3$$

となる t を求めればよいことになります。両辺を 1/3 乗すると，次の式が得られます。

$$(2m_0)^{\frac{1}{3}} = Kt + m_0^{\frac{1}{3}}$$

これを t について解けば，

$$t = \frac{1}{K}\left\{(2m_0)^{\frac{1}{3}} - m_0^{\frac{1}{3}}\right\}$$

が得られます。これが，細胞の質量が倍増するために要する

第 3 章　ロケットから水時計まで　ガリレオ博士の超科学

時間です。

　さて，突然ですがここでクイズです。

上の例題でもそうですが，一般に，研究には時間の測定が欠かせません。しかし，ガリレオが加速度の研究をしていた頃には，機械式時計はありませんでした。ちなみに，分針付きの時計が発明されたのは 17 世紀半ば，そして秒針付きのものが発明されたのは 18 世紀です。それではガリレオはどのような時計を利用していたのでしょう？　腹時計ではないですよね？

水時計はいったいどれだけ正確か？

　ガリレオが加速度の研究をしていたとき，時間の測定は不可欠でしたが，利用していたのは，実は水時計でした。水時計の発明はギリシャ時代までさかのぼりますから，その歴史は恐ろしく長いのです。水時計に有効な原理は以下のものです。

> トリチェリの法則：ある容器内に，粘性のない液体が容器の底から高さ y まで溜まっているとき，重力 g の影響下で容器の底に開いた小さな穴から流出する液体の速度 v は $\sqrt{2gy}$ で与えられる。

トリチェリ（1608〜1647）はガリレオの弟子で，17 世紀に活躍した数学者・物理学者です。

\ ナットク / の例題 3-4

- **水時計はいったいどれだけ正確か？**
  （応用分野：物理学）
  できるだけ正確な水時計を設計しなさい。

【 答え 】 水時計ですから，水を入れる容器が必要ですね。任意の形状をもった容器を考えます（図 3-6 参照）。この容器の底に穴（面積 s）を開け，そこから速さ v で流出する水に対してトリチェリの法則を適用しましょう。

充分短い微小時間 dt について考えると，その間の水の流出量は一定であると仮定できます。したがってその間，容器の底の穴から，体積 $svdt$ の水が流出し，容器内の水面が高さ dy だけ下がります。ここで，底からの高さが y の水面の

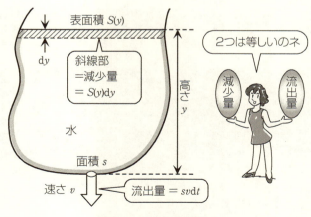

図 3-6　水時計の計算

面積を $S(y)$ とすれば,容器内の水の減少量は $S(y)\mathrm{d}y$ です。流出量＝減少量ですから,

$$sv\mathrm{d}t = S(y)\mathrm{d}y$$

となります。これに,トリチェリの法則 ($v = \sqrt{2gy}$) を適用して,書き直しましょう。

$$s\sqrt{2gy}\,\mathrm{d}t = S(y)\mathrm{d}y$$

変数を分離できますから,

$$\mathrm{d}t = \frac{S(y)}{s\sqrt{2gy}}\,\mathrm{d}y$$

となります。関数 S の形にもよりますが,これはたいていの場合は非線形になります。両辺を積分形にすると,

$$\int \mathrm{d}t = \int \frac{S(y)}{s\sqrt{2gy}}\,\mathrm{d}y \tag{3.26}$$

となります。

円柱容器はいい水時計になるだろうか？

まず,単純に半径 r の円柱容器を考えましょう。すると,断面積が $S(y) = \pi r^2$ になるので,式 (3.26) は,

$$\begin{aligned}
\int \mathrm{d}t &= \int \frac{\pi r^2}{s\sqrt{2gy}}\,\mathrm{d}y \\
&= \frac{\pi r^2}{s\sqrt{2g}} \int y^{-\frac{1}{2}}\,\mathrm{d}y \\
\therefore t &= \pi\sqrt{\frac{2}{g}}\frac{r^2}{s} y^{\frac{1}{2}} + C
\end{aligned}$$

明らかに表面の高さ y は t に比例していません。これでは水時計には使えない。残念！ しかし，それがわかっただけでも収穫でした（いつもプラス思考で前向きに！）。

どんな容器なら水時計になるだろう？

それでは，どのような容器なら水時計として使えるのでしょうか？ t と y が比例するようにできればいいですね。試しに $S(y) = S_0 y^n$ と置いてみましょう。S_0 は定数です。すると，式 (3.26) は，次のようになります。

$$\int \mathrm{d}t = \int \frac{S_0 y^n}{s\sqrt{2gy}}\,\mathrm{d}y$$
$$= \frac{S_0}{s\sqrt{2g}} \int y^{n-\frac{1}{2}}\,\mathrm{d}y$$
$$\therefore t = \frac{S_0}{(n+1/2)\,s\sqrt{2g}} y^{n+\frac{1}{2}} + C$$

ここで，C は積分定数です。この式から，$n + 1/2 = 1$ として，$n = 1/2$ が適当であることがわかります。つまり，$S(y) = S_0 \sqrt{y}$ のような形状をもつ容器なら，水時計の役割を果たせるというわけです（図 3-7 参照）。非線形問題とは言っても，それほど難しくはないですね。

 実際このようなつぼが，ギリシャ時代やローマ時代の裁判所で，弁護士の発言時間を公平にするために利用されていました。

大爆発への秒読み？ 化学反応を数学しよう！

押し寄せる砂漠化や酸性雨。確実に進行する温暖化。現在だけでなく未来をも蝕(むしば)むこれらの環境問題は，人々の心が欲

第 3 章 ロケットから水時計まで ガリレオ博士の超科学

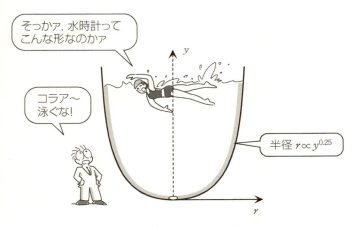

図 3-7　こんな容器なら水時計に使える！

望の虜になりつつあることが原因です。子孫が生きる未来に思いを馳せず，現代人の頭や心の中では「今，自分さえよければ」の想いが大きな位置を占めています。したがって，環境問題を根本的に解決するには人の心を変えるしかないのですが，ここに一つの希望の光がありますのでご紹介します。それは，

$$2H_2 + O_2 \rightarrow 2H_2O$$

という反応です。これは何でしょう？

　燃料電池または水素エンジンの反応です。燃料である水素が酸化されていますね。つまり，水素が燃えて水蒸気または水になり，エネルギーが取り出せます。石油を燃やしてもエネルギーが取り出せますが，その結果，窒素酸化物や二酸化炭素も排出され，環境が汚染されます。水素の非常に便利な

点は、その燃えカスが二酸化炭素ではなく水蒸気なので、「カス」ではないことです。これなら大気汚染や温暖化の心配は無用です。早く実用化されるといいですね。

一般に、さまざまな化学反応も微分方程式で表現できることが知られています。水素の酸化のように典型的な化学反応では、2つの物質 A, B が反応して C を生成します。つまり、

$$A + B \to C$$

です。以下ではこの種の反応について、微分方程式のパワーを借りて調べてみましょう。

＼ナットク／の例題 3-5

- **化学反応を数学しよう**
  （応用分野：化学，化学工学，生物学）

上記の化学反応の各物質の濃度を a, b, c で表し、時刻 $t = 0$ での初期濃度をそれぞれ a_0, b_0, ゼロとすると、物質 C が化学反応で増加するようすは、微分方程式

$$\frac{\mathrm{d}c}{\mathrm{d}t} = r\,(a_0 - c)\,(b_0 - c) \tag{3.27}$$

で表されます。ここで、$a_0 \neq b_0$ で、r は正の定数です。右辺が非線形ですね。当たり前ですが、$c = a_0$、または $c = b_0$ となるときに、反応が収束することがわかります。

(1) 微分方程式を解き、濃度 c の時間変化を求めなさい。
(2) 物質 C の飽和濃度を求めなさい。

【 答え 】 (1) 微分方程式 (3.27) を変数分離して、次のよ

第 3 章 ロケットから水時計まで ガリレオ博士の超科学

うにします。

$$\frac{\mathrm{d}c}{(a_0 - c)(b_0 - c)} = r\mathrm{d}t \tag{3.28}$$

そして，左辺を積分しやすい形に表します。それは，

$$\frac{1}{a_0 - c} - \frac{1}{b_0 - c}$$

のような形です（式 (2.36) でも行った部分分数分解です）。これを通分すると，

$$\frac{b_0 - c - (a_0 - c)}{(a_0 - c)(b_0 - c)} = \frac{b_0 - a_0}{(a_0 - c)(b_0 - c)}$$

となることを参考にして，式 (3.28) を次のように書き換えます。

$$\frac{1}{b_0 - a_0}\left(\frac{\mathrm{d}c}{a_0 - c} - \frac{\mathrm{d}c}{b_0 - c}\right) = r\mathrm{d}t$$

いよいよ両辺を積分すると，

$$\frac{1}{b_0 - a_0}\int\left(\frac{\mathrm{d}c}{a_0 - c} - \frac{\mathrm{d}c}{b_0 - c}\right) = \int r\mathrm{d}t$$

$$\frac{1}{b_0 - a_0}[-\ln(a_0 - c) - \{-\ln(b_0 - c)\}] = rt$$

を得ます。対数の性質 $\ln\alpha - \ln\beta = \ln(\alpha/\beta)$ を利用しつつ整理すると

$$\ln\frac{a_0 - c}{b_0 - c} = (a_0 - b_0)\,rt$$

が導かれます。対数の定義式を用いて指数形に直すと，

$$\frac{a_0 - c}{b_0 - c} = e^{(a_0 - b_0)rt}$$

となります。ここで，式を並べ替えて c について解くと，求める解が現れます。

$$c = \frac{b_0 e^{(a_0-b_0)rt} - a_0}{e^{(a_0-b_0)rt} - 1}$$

(2) 次のように場合分けし，$t \to \infty$ として解きます。

ケース i：$a_0 > b_0$ のとき $a_0 - b_0 > 0$ なので，

$$c \to \frac{b_0 e^{\infty} - a_0}{e^{\infty} - 1} \approx \frac{b_0 e^{\infty}}{e^{\infty}} = b_0$$

ケース ii：$a_0 < b_0$ のとき $a_0 - b_0 < 0$ なので，

$$c \to \frac{b_0 e^{-\infty} - a_0}{e^{-\infty} - 1} \approx \frac{0 - a_0}{0 - 1} = a_0$$

つまり，反応生成物 C の最終濃度は，A，B の初期値の小さいほうに漸近することがわかります。その理由がわかりますか？ 式 (3.27) 右辺の係数以外の 2 項は A，B の濃度に相当し，片方の濃度がゼロになると反応が停止するからです。

3.5
とても便利な定数変化法にチャレンジ

さて，変数分離形にもかなり習熟しました。いよいよ目標の式 (3.23)

$$\frac{\mathrm{d}y}{\mathrm{d}t} = f(t)y + h(t) \tag{3.23}$$

の一般解を求めましょう。じつは，私たちはすでに一般解を得るまで「すぐそこ」という好位置につけています。なぜで

しょう？

式 (3.23) は非斉次式です。非斉次式の一般解はどうやって求めたでしょうか？ 例のトリック，つまり 3.1 節の重要事項を思い出しましょう。

「非斉次式の一般解は，斉次式の一般解および非斉次式の特殊解の和で与えられる」

思い出しましたか？ 式 (3.23) に対応する斉次式は

$$\frac{\mathrm{d}y}{\mathrm{d}t} = f(t)y \tag{3.22}$$

で，その一般解は

$$y = Ce^{\int f(t)\mathrm{d}t} \tag{3.24}$$

で与えられます。ですから，私たちは，式 (3.23) の一般解まであと一歩というところに肉薄しています。残りは「式 (3.23) の特殊解」を求めて，(3.24) に付け足せばよいだけです。

さて，式 (3.23) の特殊解とは？ ここで，**定数変化法**という素晴らしい解法が登場します。

まず，次のように考えましょう。式 (3.24) は，式 (3.23) によく似た式 (3.22) の一般解です。式 (3.23) は式 (3.22) より少し一般化されていますから，式 (3.23) の特殊解も式 (3.22) の解である式 (3.24) よりもやや一般化されているかもしれません。そこで，式 (3.24) の積分定数 C を変化させて t の関数 $C(t)$ に一般化すると，式 (3.23) の特殊解にならないでしょうか？（これが「定数変化」の名前の由来です。）$C(t)$ を適当に調整すれば特殊解が得られそうです。そこで，「推

定」特殊解

$$y_1 = C(t)e^{\int f(t)\mathrm{d}t} \tag{3.29}$$

を式 (3.23) に代入してみましょう。そのために，まず式 (3.29) を t で微分します。

$$\frac{\mathrm{d}y_1}{\mathrm{d}t} = \frac{\mathrm{d}C(t)}{\mathrm{d}t}e^{\int f(t)\mathrm{d}t} + C(t)\frac{\mathrm{d}e^{\int f(t)\mathrm{d}t}}{\mathrm{d}t} \tag{3.30}$$

右辺第 2 項の微分がちょっとだけ複雑かもしれません。指数部が関数である指数関数の微分は，まず指数部だけを微分したものが指数関数の前に出ますから（表 1-1 の式⑨参照），

$$\frac{\mathrm{d}e^{\int f(t)\mathrm{d}t}}{\mathrm{d}t} = f(t)e^{\int f(t)\mathrm{d}t}$$

となります。これを式 (3.30) に戻せば，

$$\begin{aligned}\frac{\mathrm{d}y_1}{\mathrm{d}t} &= \frac{\mathrm{d}C(t)}{\mathrm{d}t}e^{\int f(t)\mathrm{d}t} + C(t)f(t)e^{\int f(t)\mathrm{d}t} \\ &= \frac{\mathrm{d}C(t)}{\mathrm{d}t}e^{\int f(t)\mathrm{d}t} + f(t)y_1\end{aligned}$$

を得ます。よって，これをさらに式 (3.23) に戻して，

$$\frac{\mathrm{d}C(t)}{\mathrm{d}t}e^{\int f(t)\mathrm{d}t} + f(t)y_1 = f(t)y_1 + h(t)$$

が導けます。さあ，もうひと踏ん張りです。指数関数を右辺に移項して整理すると，

$$\frac{\mathrm{d}C(t)}{\mathrm{d}t} = h(t)e^{-\int f(t)\mathrm{d}t}$$

となります。これが変化した定数 C の成れの果て（？）です。

したがって，式 (3.23) の特殊解は，上の式の両辺を積分し

て得られる $C(t)$ を式 (3.29) に代入し，

$$y_1 = e^{\int f(t)\mathrm{d}t} \int h(t)e^{-\int f(t)\mathrm{d}t}\mathrm{d}t$$

となりますから，一般解は上式と式 (3.24) の和で与えられます。

$$y = e^{\int f(t)\mathrm{d}t} \int h(t)e^{-\int f(t)\mathrm{d}t}\mathrm{d}t + Ce^{\int f(t)\mathrm{d}t}$$

まとめると，式 (3.23) の一般解として

$$y = e^{\int f(t)\mathrm{d}t} \left\{ \int h(t)e^{-\int f(t)\mathrm{d}t}\mathrm{d}t + C \right\} \tag{3.31}$$

が導かれました。

お疲れさまでした！ 見かけは少々複雑に見えますね。しかし，機械的に各積分を計算し，この公式に代入しさえすれば，式 (3.23) の一般解が求められます。実はとても便利な公式です。

3.6
現実的なロケットのモデルを目指して

苦労して学んだ定数変化法の例題として，再び人類と宇宙をつなぐロケットに挑戦してみましょう。例題 2-5 では，宇宙空間の重力や空気抵抗が無視できる場合に成り立つ「ツィオルコフスキーの公式」を求めて，ロケットの最終速度と燃料の質量の関係を求めました。ここでは，ややチャレンジン

グではありますが，重力はもちろん，ある程度空気抵抗にも配慮しつつ，燃料を一定の割合で消費しながら上昇するロケットの速度変化を求めましょう。これは，定数変化法の例題としてはピッタリなものです。

―― \ナットク/ の例題 3-6 ――

● より現実的なロケットのモデル
（応用分野：航空宇宙工学）

初期の質量が M である，断面積が「充分小さな」マイクロ・ロケットが，燃料を一定の割合 h で消費しながら地球から垂直上昇するときの速度を求めなさい。

【 答え 】ここでの力は，ロケット本体に働く力の合力です。すると，地面から鉛直上向きに加速中のロケットにどんな力が作用するでしょう？ まず，進行方向（＋）の力は，ロケットの推力です。これを $f = f(t)$ とよびましょう。他の力は逆向き（－）で，一つは重力 $-mg$，そして例題 3-1 とコラム 4 で学んだように v を速度とすると，一般的な空気抵抗 $-bv - cv^2$ が作用します（b, c は定数）。注意すべきは，空気抵抗の第 1 項は物体や v が小さいときに有効で，それらが大きくなるにつれて第 2 項が支配的になることです。ここでは充分小さなロケットを仮定しますから，第 2 項は無視して，第 1 項の $-bv$ だけが作用するとしましょう。燃料が消費されるため刻々と減少するロケットの質量を $m = M - ht$ と表し，右辺の合力を詳しく書くと，次の微分方程式が現れます。

$$(M - ht)\frac{\mathrm{d}v}{\mathrm{d}t} = f - (M - ht)g - bv \tag{3.32}$$

この微分方程式が有効な時間は，$m > 0$ より $t < M/h$ です。ただし，燃料以外のロケット本体の質量を考慮すると，もっと短くなりますね。

ここで空気抵抗 $-cv^2$ が入らないというか，「入れられない」理由がわかります。この非線形項を入れると，定数変化法の範囲を超えてしまうからなのです。より現実的なモデルにするには，もちろんその項を含めたほうがよいのですが，定数変化法の例題にはなりません。

式 (3.32) を式 (3.23)

$$\frac{\mathrm{d}y}{\mathrm{d}t} = f(t)y + h(t)$$

のように並べ替えると，

$$\frac{\mathrm{d}v}{\mathrm{d}t} = \frac{-b}{M - ht}v + \frac{f}{M - ht} - g \tag{3.33}$$

です。これから，式 (3.23) の $f(t)$ や $h(t)$ が明らかになりますね。つまり，

$$f(t) = \frac{-b}{M - ht}$$

$$h(t) = \frac{f}{M - ht} - g$$

とちょっぴり複雑です。これらを一般解

$$y = e^{\int f(t)\mathrm{d}t}\left\{\int h(t)e^{-\int f(t)\mathrm{d}t}\mathrm{d}t + C\right\}$$

に代入すれば解が求められるのです。その前に，必要な積分

を計算しておきましょう。以下では積分定数はすべて無視できます。

$$\int f(t)\mathrm{d}t = \int \frac{-b}{M-ht}\mathrm{d}t = \frac{b}{h}\ln(M-ht)$$

これが次のように指数の肩に乗りますから、次の💡を参考にして、

$$e^{\int f(t)\mathrm{d}t} = e^{\frac{b}{h}\ln(M-ht)} = e^{\ln(M-ht)^{b/h}} = (M-ht)^{\frac{b}{h}}$$

💡 ここで、以下の公式を利用しました。

$$\ln A^B = B\ln A \quad \text{そして} \quad e^{\ln A} = A$$

さらに、もう一つ計算しておきたい積分があります。

$$\int h(t)e^{-\int f(t)\mathrm{d}t}\mathrm{d}t \tag{3.34}$$

です。これに、$h(t)$ と $f(t)$ を代入しましょう。$-f(t)$ の積分はすでに半分済ませたようなものですね。まずそれだけに集中しますと、

$$e^{-\int f(t)\mathrm{d}t} = e^{-\frac{b}{h}\ln(M-ht)} = e^{\ln(M-ht)^{-b/h}}$$
$$= (M-ht)^{-\frac{b}{h}}$$

となりますから、積分 (3.34) は、

$$\int \left(\frac{f}{M-ht} - g\right)(M-ht)^{-\frac{b}{h}}\mathrm{d}t$$
$$= \int \left\{f(M-ht)^{-1-\frac{b}{h}} - g(M-ht)^{-\frac{b}{h}}\right\}\mathrm{d}t$$

第 3 章　ロケットから水時計まで　ガリレオ博士の超科学

$$= \frac{f}{b}(M-ht)^{-\frac{b}{h}} + \frac{g}{h-b}(M-ht)^{1-\frac{b}{h}}$$

となります。

これで準備完了です。これらの数式を一般解の公式 (3.31) に放り込めばよいわけです。もうほとんどゴールです。

$$v(t) = (M-ht)^{\frac{b}{h}} \left\{ \frac{f}{b}(M-ht)^{-\frac{b}{h}} \right.$$
$$\left. + \frac{g}{h-b}(M-ht)^{1-\frac{b}{h}} + C \right\}$$

これを整理して得られる

$$v(t) = \frac{f}{b} + \frac{g}{h-b}(M-ht) + C(M-ht)^{\frac{b}{h}}$$

(3.35)

が一般解です。次は初期条件を考慮する特殊解ですね。初期条件より、$t=0$ では $v=0$ ですから、

$$0 = \frac{f}{b} + \frac{Mg}{h-b} + CM^{\frac{b}{h}}$$

が成り立ちます。並べ替えると、積分定数 C が決定されます。

$$CM^{\frac{b}{h}} = -\frac{Mg}{h-b} - \frac{f}{b}$$
$$C = -\left(\frac{Mg}{h-b} + \frac{f}{b}\right)M^{-\frac{b}{h}}$$

式 (3.35) に C を代入すると、いよいよ解が得られます。

$$v(t) = \frac{f}{b} + \frac{g}{h-b}(M-ht)$$

$$-\left(\frac{Mg}{h-b}+\frac{f}{b}\right)M^{-\frac{b}{h}}(M-ht)^{\frac{b}{h}}$$

少々整理して,

$$v(t) = \frac{f}{b} + \frac{g}{h-b}(M-ht) \\ -\left(\frac{Mg}{h-b}+\frac{f}{b}\right)\left(\frac{M-ht}{M}\right)^{\frac{b}{h}} \qquad (3.36)$$

が求める解です.長い間たいへんご苦労様でした! かなり複雑な解ですね.

垂直上昇の代わりに水平加速するロケットだと,加速方向には重力の影響が入ってきません.その場合,速度を表す上の式 (3.36) から g を含む項がなくなり,ずいぶん簡単になります.さてしかし,紆余曲折はなかったものの,複雑な計算でしたので,どこかでケアレスミスをしたかもしれません.解をちょっとチェックしてみましょう.

解のチェックあの手この手

チェックあの手 推進力が重力より強くないと,ロケットは上昇しません.ロケットが推進していなければ f(推力)$=$ h(燃料消費率)$= 0$ となり,下向きにしか加速されませんから,空気抵抗を受けながら落下します.どのように? 解 (3.36) に $f = h = 0$ を代入しましょう.しかし,それには一つ工夫が必要です.

まず,$f = 0$ としますと,

$$v(t) = \frac{g}{h-b}(M-ht) - \frac{Mg}{h-b}\left(\frac{M-ht}{M}\right)^{\frac{b}{h}}$$

第 3 章 ロケットから水時計まで ガリレオ博士の超科学

となります。次に上記の各 h は素直に $h = 0$ とおけます。

$$v(t) = -\frac{Mg}{b} + \left(\frac{Mg}{b}\right)\left(1 - \frac{ht}{M}\right)^{\frac{b}{h}}$$

残るは右辺第 2 項ですが，指数関数の定義を利用して

$$\left\{\lim_{h \to 0}\left(1 - h\frac{t}{M}\right)^{\frac{1}{h}}\right\}^b = \left(e^{-\frac{t}{M}}\right)^b = e^{-\frac{bt}{M}}$$

となります（かなり高級な変形です）。結局

$$v(t) = -\frac{Mg}{b} + \left(\frac{Mg}{b}\right)e^{-\frac{bt}{M}} = \frac{Mg}{b}\left(e^{-\frac{bt}{M}} - 1\right)$$

が得られます。これは落下の式 (3.16) 以外の何物でもありません。ここまでは順調ですね。

チェックこの手 燃料消費が充分小で $h \ll b$，そして打ち上げ直後で $ht \ll M$ のとき，式 (3.36) は

$$v(t) = \frac{f}{b} - \frac{g}{b}M - \left(-\frac{Mg}{b} + \frac{f}{b}\right)\left(\frac{M - ht}{M}\right)^{\frac{b}{h}}$$
$$= \frac{f - Mg}{b}\left\{1 - \left(1 - \frac{ht}{M}\right)^{\frac{b}{h}}\right\}$$

と書けます。しかも $ht \ll M$ なので，以下のように近似されます（次の参照）。

$$v(t) \approx \frac{f - Mg}{b}\left\{1 - \left(1 - \frac{b}{h}\frac{ht}{M}\right)\right\}$$
$$= \frac{f - Mg}{b}\frac{b}{h}\frac{ht}{M}$$

133

$$= \frac{(f - Mg)t}{M}$$

ここで次の近似式を使いました。x の絶対値が 1 より充分小さいとき，つまり，$|x| \ll 1$ であるならば，$(1+x)^a \approx 1 + ax$ が成立します。

　時間の経過とともに，運動方程式に従う一定の加速度 $(f - Mg)/M$ で線形的に加速されるようすが明らかです。さらに，推進力 f が重力 Mg よりも大きくないとロケットは落下することも明らかです。これらにより，式 (3.36) がチェックできました。

── 要 点 チ ェ ッ ク ──

〈定数変化法〉

　この章の最重要公式は定数変化法です。定数変化法によって，1 階線形微分方程式

$$\frac{\mathrm{d}y}{\mathrm{d}t} = f(t)y + h(t)$$

の一般解は，

$$y = e^{\int f(t)\mathrm{d}t}\left\{\int h(t)e^{-\int f(t)\mathrm{d}t}\mathrm{d}t + C\right\}$$

と導かれます。

　かなり長い道のりを進んできました。長くとも，わりと平坦な道だったと思いますが，いかがでしょう？　知らず知らず，ここまでどのように進歩したのでしょう？

第 3 章　ロケットから水時計まで　ガリレオ博士の超科学

表 3-1　これまで学んだ微分方程式

微分方程式の例	解（一般解または特殊解）
$\dfrac{dy}{dt} = k$　　式 (2.1)	$y = kt + C$　　式 (2.2)
$\dfrac{dy}{dt} = ry$　　式 (2.8)	$y = Ce^{rt}$　　式 (2.13)
$\dfrac{dy}{dt} = sy^2$　　式 (2.30)	$y = \dfrac{y_0}{1 - y_0 s(t - t_0)}$　　式 (2.32) 「人口爆発解」
$\dfrac{dy}{dt} = ry - \dfrac{r}{M}y^2$　　式 (2.34) 「ロジスティック微分方程式」	$y = \dfrac{M}{1 + \{(M/y_0) - 1\}e^{-r(t-t_0)}}$　　式 (2.39) 「シグモイド」
$\dfrac{dy}{dt} = ry + k$　　式 (3.2)	$y = Ce^{rt} - \dfrac{k}{r}$　　式 (3.4)
$\dfrac{dy}{dt} = f(t)y$　　式 (3.22)	$y = Ce^{\int f(t)dt}$　　式 (3.24)
$\dfrac{dy}{dt} = f(t)y + h(t)$　　式 (3.23)	$y = e^{\int f(t)dt}\left\{\int h(t)e^{-\int f(t)dt}dt + C\right\}$　　式 (3.31) 「定数変化法」

　最後に，これまで学んだ微分方程式を表 3-1 にまとめます。少しずつレベルアップしたことが一目瞭然ですね？　方程式の一般化につれて，解ももちろん少しずつ一般化されてきたようすがよくわかります。さて，この先はどのように進化するのでしょう？

答え　【クイズ 1】の答え　読み進めてください。

第 **4** 章

変幻自在・ゆらゆらの振動と波動

~初挑戦! 2階線形微分方程式~

目標 —— 係数 A, B, C が定数のとき, 2階線形の斉次形微分方程式

$$Ay'' + By' + Cy = 0$$

を解けるようになろう。

4.1
リゾート満喫,癒しの時間

真夏でも涼しい,高原の湖のほとり。そこであなたは恋人と二人で休息しています。湖面に立つ「さざ波」。ときおり近くの木陰から聞こえてくる小鳥たちの「さえずり」。恋人の美しい「声」の響き。幸せのあまり,つい上を見上げると,秋の空のように広がる「うろこ雲」……それらはみな,時間的にまたは空間的に振動しています。振動が伝わると波動になります。私たちの日常生活はゆらゆら揺れる振動や波動で満ちています。感動の表現「ワクワクドキドキ」も振動ですね。

科学技術にも広範に利用される,振動や波動はいったいどのように表されるのでしょう? 実は,ほとんどが1階ではなく,2階の微分方程式で表されます。それらをいよいよ本章で学びます。3階以上のものは本書では扱いませんから,2階が最高次元です。

いつものように,まずは,やさしい問題から始めましょう。

\ナットク/ の例題 4-1

次の微分方程式を解きなさい(k は定数)。

$$y'' = \frac{d^2 y}{dt^2} = k \tag{4.1}$$

【 答え 】 単に両辺を t で積分するだけでいいですね。1回

第 4 章　変幻自在・ゆらゆらの振動と波動

積分すると，
$$\frac{dy}{dt} = kt + C_1 \tag{4.2}$$
となります。ここで，C_1 は積分定数です。もう 1 回積分すると，

$$y = \frac{1}{2}kt^2 + C_1 t + C_2 \tag{4.3}$$

C_2 も積分定数です。これが答えです。いつものように最初は超簡単ですね。

4.2
食糧を落としてくれェ〜！
運動方程式への応用

上記の超簡単な例題は何かの役に立つのでしょうか？ その答えはもちろんイエス！ 次の例題を見てみましょう。前節の冒頭のロマンチックな画面が激変します。

──＼ナットク／ の例題 4-2 ──

● 鉛直落下（応用分野：物理学）

さあ大変！ 突然の災害で食糧難です。質量 m の緊急援助食について考えましょう。この食糧を，時刻 $t=0$ に，高さ y_0 を飛ぶ救援機から，初速 0 で落下させるとき，t 秒後の速度を求めなさい。ただし，空気抵抗は無視できるものとします。

【 答え 】この物体の高さを y で表すことにします。その運動方程式は

$$F = ma = -mg$$

です。物体の加速度 a は式 (1.6) の位置 x を高さ y で置き換えれば

$$a = \frac{\mathrm{d}v}{\mathrm{d}t} = \frac{\mathrm{d}^2 y}{\mathrm{d}t^2}$$

と書けます。これを運動方程式に代入しましょう。

$$m\frac{\mathrm{d}^2 y}{\mathrm{d}t^2} = -mg$$

両辺を m で割って簡単にしましょう。

$$\frac{\mathrm{d}^2 y}{\mathrm{d}t^2} = -g$$

これは，式 (4.1) の定数 k を $-g$ で置き換えたものに他なりません。したがって，その解はやはり式 (4.3) の定数 k を $-g$ で置き換えたものになるはずです。

$$y = -\frac{1}{2}gt^2 + C_1 t + C_2 \tag{4.4}$$

ここで，もっとも簡単な初期条件を使います。つまり，$t=0$ での高さが $y = y_0$ で，初速が 0 です。初期条件を式 (4.4) に代入して，

$$y_0 = -\frac{1}{2}g \times 0^2 + C_1 \times 0 + C_2 = C_2$$

を得ますから，定数 C_2 が同定されました。また，式 (4.2) はこの物体の速度に対応しますから，$v = \frac{\mathrm{d}y}{\mathrm{d}t} = -gt + C_1$ で

す。速度の初期条件を代入しましょう。

$$\frac{dy}{dt} = -g \times 0 + C_1 = 0$$

これで，定数 $C_1 = 0$ も同定されました。

これらを式 (4.4) に代入すると，

$$y = -\frac{1}{2}gt^2 + y_0 \tag{4.5}$$

が導かれます。これが t 秒後の物体の高さを表す式です。時間が経つにつれて，物体がぐんぐん下方に加速されるようすが示されています。実際，その速度は，式 (4.2) について $k = v_0$，$C_1 = 0$ として与えられますから，

$$v = \frac{dy}{dt} = -gt$$

となります。速度が時間に比例して増えていきます。この式に見覚えがありませんか？ そうです，3.2 節ですでに出会った式 (3.10) ですね。この式を t について解いて，式 (4.5) に代入すると，

$$y = -\frac{1}{2g}v^2 + y_0$$

と記述されます。両辺に mg を掛けて，右辺第 1 項を左辺に移項すると，

$$\frac{1}{2}mv^2 + mgy = mgy_0 \tag{4.6}$$

を得ます。左辺第 1 項はこの物体の運動エネルギーで，第 2 項は位置エネルギーです。この式は，両者の和である「全エネルギー」または「力学的エネルギー」が，落下中でも常

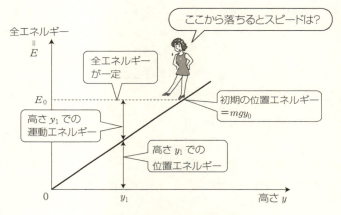

図 4-1　全エネルギーの保存

に一定であることを示します。そして，その値は $t=0$ での位置エネルギーに等しいのです。この物体のエネルギーと高さの関係をプロットすると，図 4-1 のようになります。つまり，物体が放された直後には，物体の全エネルギーは位置エネルギーですが，地面に着地する直前で，すべて運動エネルギーに変換されるのです。

4.3
ここでも微分方程式？
香りの数学

例題 4-2 は，あまりに簡単すぎましたか？ いつものように，あわてず騒がず，少しずつ一般化していきましょう。決

第 4 章 変幻自在・ゆらゆらの振動と波動

して難しくはありませんから，ご安心を。

さて，次に挑戦するのは式 (4.1) をすこし一般化する問題です。これまでは，主として時間 t を変数とする微分方程式を学びました。今度は空間座標を変数とする場合に拡張しましょう。つまり，空間的な「ゆらゆら」を見るわけです。

――― \ナットク/ の例題 4-3 ―――

● 香りの拡散（応用分野：化学工学，物理学）

　自動車内や冷蔵庫内の異臭にはコーヒー滓(かす)でも対処できますが，芳香剤も根強い人気がありますね。さて，球状の固形芳香剤が風のない室内に吊り下げられています。そのかぐわしい香りの成分（その濃度を N で表します）が，芳香剤から離れるにつれて，どのように広がるか調べましょう。ただし，芳香剤の中心からの距離 r は芳香剤の半径より充分大きく，$r = r_1$ と $r = r_2$（ただし，$r_1 < r_2$）の 2 点での濃度はそれぞれ N_1 と N_2 であるとします。

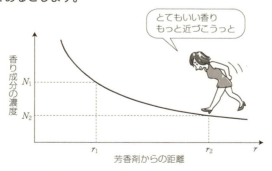

図 4-2　香り成分の濃度の空間変化

【 答え 】 無風で時間変動がないとき,芳香剤の中心からの距離 r が大きくなると濃度 N は減少するでしょう。そのようすはどのような数式で表せるでしょうか?

このような場合の濃度分布は,次の微分方程式に従うことが知られています。

$$\frac{\mathrm{d}}{\mathrm{d}r}\left(r^2 \frac{\mathrm{d}N}{\mathrm{d}r}\right) = 0 \tag{4.7}$$

2 階の常微分方程式 (4.1) の変数は時間でしたが,式 (4.7) には時間が含まれません。同じ 2 階ながら距離 r の式です。なぜなら,無風で時間変動がない場合(時間 t に依存しない)を考えているからです。芳香剤を吊り下げた直後の,香り成分がまだ十分にひろがっていないタイミングでは,各場所における香り成分の濃度は時間に依存して変化します。一般に,このような物質の時間空間的な拡散は,**拡散方程式**という偏微分方程式で表されます。式 (4.7) は,3 次元空間における拡散方程式の定常的な表現(定常拡散方程式)に相当します。この定常拡散方程式を空間的な「境界」$r = r_1$ と r_2 での濃度値 N_1, N_2 を利用して解きます。

まず,式 (4.7) を r で積分しましょう。

$$r^2 \frac{\mathrm{d}N}{\mathrm{d}r} = C_1$$

ここで,C_1 は積分定数です。両辺を r^2 で割ると,

$$\frac{\mathrm{d}N}{\mathrm{d}r} = \frac{C_1}{r^2}$$

となり,さらにもう一度積分すると,定常濃度の一般解を得ます。

$$N = \int \frac{C_1}{r^2} \mathrm{d}r = -\frac{C_1}{r} + C_2 \tag{4.8}$$

C_2 も積分定数です。これらの積分定数を消去すると特殊解ですね。式 (4.8) に境界条件を代入し，2 つの式を導きます。

$$N_1 = -\frac{C_1}{r_1} + C_2 \tag{4.9}$$

$$N_2 = -\frac{C_1}{r_2} + C_2 \tag{4.10}$$

式 (4.9) と式 (4.10) の辺々の差をとると

$$N_1 - N_2 = \frac{C_1}{r_2} - \frac{C_1}{r_1} = C_1 \left(\frac{1}{r_2} - \frac{1}{r_1} \right)$$

です。したがって，

$$C_1 = r_1 r_2 \frac{N_1 - N_2}{r_1 - r_2}$$

となります。これを式 (4.9) に代入し，以下のように C_2 を求めます。

$$N_1 = -r_2 \frac{N_1 - N_2}{r_1 - r_2} + C_2$$
$$C_2 = N_1 + r_2 \frac{N_1 - N_2}{r_1 - r_2}$$

これらを一般解 (4.8) に代入すると，いよいよ特殊解が得られます。

$$N = -\frac{1}{r} r_1 r_2 \frac{N_1 - N_2}{r_1 - r_2} + N_1 + r_2 \frac{N_1 - N_2}{r_1 - r_2}$$

ちょっと複雑なので整理すると，

$$N = N_1 + r_2 \frac{N_1 - N_2}{r_1 - r_2}\left(1 - \frac{r_1}{r}\right) \quad (4.11)$$

となります。右辺第 2 項のカッコの前の係数 ($= r_2\frac{N_1-N_2}{r_1-r_2}$) は負であることに注意すると，カッコ内の式から，芳香剤の濃度が距離にほぼ反比例して減衰し，一定値に漸近することがわかります。

さてここで，式 (4.11) の特性を理解するために，風のない室内の 2 点 $r = r_1 = 1$m と $r = r_2 = \infty$m での濃度がそれぞれ 10 単位と 0 単位であるとして，濃度 N をプロットしてみましょう。すると，式 (4.11) は，

$$N = 10 + \infty \times \frac{10 - 0}{1 - \infty}\left(1 - \frac{1}{r}\right)$$
$$= 10 - 10\left(1 - \frac{1}{r}\right) = \frac{10}{r}$$

となりますが，濃度 N をプロットすると図 4-3 を得ます。

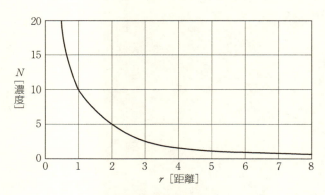

図 4-3　室内の濃度分布図

芳香剤のかぐわしい匂いも，距離とともに急激に減少することが見てとれます。しかし，これではまだ振動の表現にはなっておらず，「ゆらゆら」ではなく「ゆら」くらいですね。

次節ではいよいよ本物の「ゆらゆら」である，振動体を微分方程式で表すことを学びますが，空間に依存する振動を「波」とか「波動」とよびます。本書では，スペース（空間）が充分でないため波動について詳しく述べられません（例題4-7参照）。しかし，いくらスペース不足でも1点での振動なら可能です！

4.4
応用は催眠術？
単振動の微分方程式

バネに興味があるでしょうか？ 多数のバネが，人知れずいろいろ役立ってくれています。たとえば自動車の場合，バネ（サスペンション）なしでは楽しいはずのドライブがとても不快なものになりかねません。そのバネが，私たちに大きな進化の機会を与えてくれます。

\ナットク/ の例題 4-4

- **バネの振り子**（応用分野：物理学，機械工学など）

図 4-4 のように摩擦が無視できる水平面上に壁があり，バネの一端が固定されているとします。他端には質量 m のおもりを付けます。バネの自然長の状態から x_0

だけ水平に引き伸ばし，時刻 $t = 0$ でおもりを離すとき，おもりの位置 x を時間の関数として表しなさい（本書で扱うバネの質量は無視できるものとします）。揺れるおもりをあまり想像しすぎて眠くならないように！

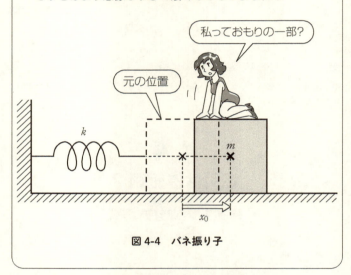

図 4-4　バネ振り子

【　答え　】問題を解き始める前に直感を働かせてみましょう。このおもりは，もちろん，振動しますね。それも一定の周期と振動数で。そのような運動はサイン関数とかコサイン関数で表されそうですね。こう見当をつけて，数学的にこの問題を解いてみましょう。

さて，この種のバネに関する問題を解くときに不可欠な物理法則があります。それは「フックの法則」とよばれるものです。

第 4 章　変幻自在・ゆらゆらの振動と波動

> フックの法則：バネが自然長から x だけ引き伸ばされるとき，バネは逆方向に
>
> $$F = -kx$$
>
> の力を発生する。ここで，k は「バネ定数」または「弾性定数」というバネの強さを表す量である。

この力がおもりに作用します。すると，おもりに関する運動方程式は，

$$F = ma = -kx \tag{4.12}$$

となります。負号は復元力を表します。そして，おもりの加速度 a は第 1 章の式 (1.6) で表します。つまり，

$$a = \frac{\mathrm{d}^2 x}{\mathrm{d} t^2}$$

です。これを式 (4.12) に代入すると，いよいよ解くべき微分方程式が導かれます。

$$m \frac{\mathrm{d}^2 x}{\mathrm{d} t^2} = -kx$$

この微分方程式を解くために少し簡潔化してみましょう。両辺を m で割ると，

$$\frac{\mathrm{d}^2 x}{\mathrm{d} t^2} = -\frac{k}{m} x$$

となりますが，ここで

$$\omega_0{}^2 = \frac{k}{m} \tag{4.13}$$

とおくと，微分方程式は

$$\frac{d^2 x}{dt^2} = -\omega_0^2 x \tag{4.14}$$

となります。この微分方程式はポピュラーで，並べ替えて，

$$\frac{d^2 x}{dt^2} + \omega_0^2 x = 0 \tag{4.15}$$

と表されるのが一般的です。この式を思い切り網膜に焼き付けておいてくださいね。この式は 2 階微分方程式どころか，微分方程式の中でもっとも利用される代表的なものといっても過言ではないからです。

以下に，この微分方程式を 2 つの方法で解いてみます。それらは直感的な方法と，より数学的な方法です。

推理が冴える！ 直感的な解法

ここでは，まず式 (4.15) を直感的な方法で解いてみます。このおもりは振動運動するはずです。振動する関数の代表的なものはサイン関数とコサイン関数です。おまけに式 (4.15) は 2 階の微分方程式ですから，4.1 節でも学んだように，その一般解は 2 個の積分定数をもつはずです。したがって，解を次のように仮定してみましょう。

$$x = A \sin \omega_0 t + B \cos \omega_0 t \tag{4.16}$$

ここで，A, B は積分定数です。これが式 (4.15) の一般解であれば，式 (4.15) を満たすはずですね。ですから，式 (4.16) を式 (4.15) に代入してそれをチェックしてみましょう。そのために，式 (4.16) の 2 階微分を求めましょう。ま

ず，式 (4.16) を t で 1 回微分します．表 1-1 の公式④，⑤を活用して，

$$\frac{\mathrm{d}x}{\mathrm{d}t} = \omega_0 A \cos \omega_0 t - \omega_0 B \sin \omega_0 t \tag{4.17}$$

を得ます．同様にもう一度微分すると，

$$\begin{aligned}\frac{\mathrm{d}^2 x}{\mathrm{d}t^2} &= -\omega_0{}^2 A \sin \omega_0 t - \omega_0{}^2 B \cos \omega_0 t \\ &= -\omega_0{}^2 \left(A \sin \omega_0 t + B \cos \omega_0 t \right)\end{aligned}$$

となります．これと式 (4.16) を式 (4.15) に代入すると，

$$\begin{aligned}&-\omega_0{}^2 \left(A \sin \omega_0 t + B \cos \omega_0 t \right) \\ &+ \omega_0{}^2 \left(A \sin \omega_0 t + B \cos \omega_0 t \right) = 0\end{aligned}$$

となり，確かに式 (4.15) を満たしますので，<u>式 (4.16) は式 (4.15) の一般解である</u>ことが確認できました．簡単ですね？

特殊解も得られれば，いうことなし

次に，特殊解を見つけましょう．初期条件から，$t = 0$ でおもりを離すとき，$x = x_0$ ですから，これらを式 (4.16) に代入します．

$$x_0 = A \sin 0 + B \cos 0 = B$$

となります．これで積分定数 B が同定されました．さらに，速度に関する初期条件（$t = 0$ で $v = \frac{\mathrm{d}x}{\mathrm{d}t} = 0$）を式 (4.17) に代入すると，

$$0 = \omega_0 A \cos 0 - \omega_0 B \sin 0 = \omega_0 A$$

を得ますから，$A = 0$ であることもわかります。したがって，特殊解は，

$$x = x_0 \cos \omega_0 t \tag{4.18}$$

となります。実に単純明快な答えですね。

このように，水平なバネに付けられたおもりの位置（速度もそうです）は，周期的に振動することが確かめられました。これでやっと，おもりの位置をグラフ表示することができるのです（図 4-5）。グラフの最大値（ピーク）の間隔が周期（記号では T）で，1秒間に振動する回数が振動数（記号では $f = \frac{\omega_0}{2\pi} = \frac{1}{T}$）です。

物理的に考えると，おもりが釣り合いの位置からずれたとしても，バネの復元力のためもとの位置に戻ることが振動の原因です。その角振動数 $\omega_0 = 2\pi f$ は式 (4.13) で与えられ

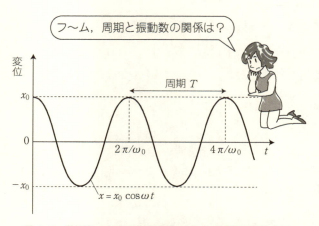

図 4-5　単振動：おもりの位置はコサイン関数で表される

ます。このような振動は**単振動**（**単調和振動**）とよばれ、「ゆらゆら」の正体です。これも重要で今後しばしば登場しますので、よく記憶しておいてくださいね！

未来の科学者向き！ 数学的な解法

誰でもこう思うはずです。上の解法はあまりに直感的だから、もう少し数学的な解法はないものか？ そこで少々レベルアップして、まずどの教科書にも載っていない別の方法で式 (4.14) を解きましょう。そのためには、式 (4.14) に戻って、両辺に dx/dt を掛けてみます。

$$\frac{dx}{dt}\frac{d^2x}{dt^2} = -\omega_0^2 x \frac{dx}{dt} \tag{4.19}$$

すると、両辺が積分できます（このテクニックはよく使われます）。

$$\frac{1}{2}\left(\frac{dx}{dt}\right)^2 = -\frac{1}{2}\omega_0^2 x^2 + C \quad (C は積分定数) \tag{4.20}$$

この積分が納得できない方は、この式を微分してみてください。式 (4.19) に戻りますから。

さて、初期条件から、$t = 0$ では $x = x_0$、$v = 0$ ですから、それらを式 (4.20) に代入します。

$$0 = -\frac{1}{2}\omega_0^2 x_0^2 + C$$

これで、定数 C が同定できました。それを式 (4.20) に代入すると、

$$\left(\frac{dx}{dt}\right)^2 = \omega_0^2 \left(x_0^2 - x^2\right) \tag{4.21}$$

を得ます（実はこれは物理的にとても重要な式です！）。そして今度は，両辺の平方根をとりましょう。

$$\frac{\mathrm{d}x}{\mathrm{d}t} = \pm\omega_0\sqrt{x_0{}^2 - x^2}$$

となります。あともう少しでゴールです。この式は1階微分方程式ですが，変数分離形になっていますから，分離しましょう。

$$\frac{\mathrm{d}x}{\sqrt{x_0{}^2 - x^2}} = \pm\omega_0\mathrm{d}t$$

両辺を積分すると，

$$\sin^{-1}\left(\frac{x}{x_0}\right) = \pm\omega_0 t + D$$

が導かれます。D は積分定数です。

> ここで，いままで紹介したことのない積分公式を利用しました。それは，
>
> $$\int \frac{\mathrm{d}x}{\sqrt{x_0{}^2 - x^2}} = \sin^{-1}\left(\frac{x}{x_0}\right) + C$$
>
> というものです。ここに出てくる $\sin^{-1} X$ は，**アークサイン関数**とよばれています。アークサインは，「そのサイン関数が，X になるような角度」を表す関数です。つまり，$\sin\theta = X$ のとき，$\sin^{-1} X = \theta$ となります。

この積分公式もアークサイン関数も初出なので，少々面食らったかもしれません。さて，上式右辺の複号 $\pm$ のどちらも解に対応します。どちらを選びましょうか？ 実は，積分定数 D が含まれているので，どちらを選んでも結局同じで

す。ですから、プラスを選びましょう。その結果，

$$\frac{x}{x_0} = \sin(\omega_0 t + D) = \sin\omega_0 t \cos D + \cos\omega_0 t \sin D \tag{4.22}$$

が導かれます。

ここで，以下の三角関数の公式を利用しました。
$$\sin(\alpha + \beta) = \sin\alpha\cos\beta + \cos\alpha\sin\beta$$

さて、初期条件は $t = 0$ において、$x = x_0$ ですから、それを式 (4.22) に代入すると、$\sin D = 1$，$\cos D = 0$ になります。したがって、求める特殊解は，

$$x = x_0 \cos\omega_0 t \tag{4.23}$$

です。式 (4.18) とまったく同じですね。式 (4.23) を t で微分すると、おもりの速度まで求められます。

$$\frac{\mathrm{d}x}{\mathrm{d}t} = -x_0\omega_0 \sin\omega_0 t \tag{4.24}$$

これは式 (4.21) からも導けます。

いかがでしたか？ 決して難しくはないのですが、いくつか新しい公式が出てきましたし、長かったのでちょっと大変だったかもしれません。ご苦労様でした。しかし、微分方程式 (4.15) とその解はしばしば活用されますから、苦労の価値はあるわけです。これでやっと考察に入れます。

全面解決？ 例題 4-4 とその解の考察

単振動の微分方程式 (4.15) を解いて、その解が式 (4.23)

で与えられ，おもりの速度は式 (4.24) で表されることがわかりました。次に再掲する x と v $(= \frac{\mathrm{d}x}{\mathrm{d}t})$ の関係式 (4.21) は，式 (4.23) と式 (4.24) からも導かれますが，物理的にはとても重要なものです。

$$\left(\frac{\mathrm{d}x}{\mathrm{d}t}\right)^2 = \omega_0{}^2 \left(x_0{}^2 - x^2\right)$$

この式は，

$$v^2 = \frac{k}{m}\left(x_0{}^2 - x^2\right)$$

と同等ですが，両辺に $m/2$ を掛けると，

$$\frac{1}{2}mv^2 = \frac{1}{2}k\left(x_0{}^2 - x^2\right)$$

が導かれます。これから，

$$\frac{1}{2}mv^2 + \frac{1}{2}kx^2 = \frac{1}{2}kx_0{}^2 \tag{4.25}$$

となります。左辺第1項はおもりの運動エネルギーです。そして，第2項はバネの弾性エネルギーです。上式はこれらの和（これも力学的エネルギーとよばれます）が常に $t=0$ におけるバネの弾性エネルギーに等しいこと，つまり，エネルギー保存則を表しています（自由落下の場合の式 (4.6) と本質的には同等です）。エネルギーが保存されるこのような系を，**保存系**といいます。

エネルギーを縦軸に，位置 x を横軸にとったエネルギー図，および $x-v$ の「位相図」内で式 (4.24) を表すと，図 4-6 のようになります。エネルギー図では，x の大きさが最大になるとき，運動エネルギーはゼロになるため全エネルギーが

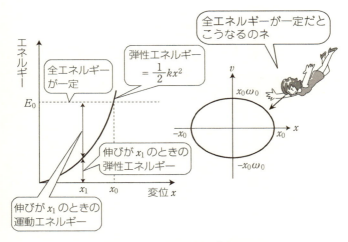

図 4-6　エネルギー図と位相図

位置エネルギーに等しくなり，その反対に $x=0$ では位置エネルギーがゼロになるため，全エネルギーが運動エネルギーに等しくなっています。

また，位相図では式 (4.25) は楕円を示します。つまり，バネに付けられたおもりは，この楕円上を，エネルギーを保存しながら回転し続けるわけです。そして，この楕円が力学的エネルギーの等高線になります。全エネルギーの低い振動子の軌道はその内側に，そして全エネルギーの高い振動子の軌道はその外側に来ることもわかります（質問：全エネルギーがゼロの粒子の軌道は何でしょう？）。

4.5
手に取るようにわかる？
電界中の電子の動き

電子の発見は、電子工学（エレクトロニクス）の勃興へとつながりました。電子工学では、電磁波が重要な役割を担っています。電磁波は名前のとおり、電界と磁界から成り立っています。では、電磁波のように振動する電界中で電子はどのように動くのでしょう？

＼ナットク／の例題 4-5

- **電界の振動と荷電粒子**
  （応用分野：物理学，電気電子工学）

  振動する電界 $E = E_0 \cos \omega t$ の中で、質量 m、電荷 $-e$ をもつ電子はどのように運動するでしょう。時刻 $t = 0$ での位置を $x = eE_0/(m\omega^2)$、速度を $v = 0$ として、答えなさい。

【 答え 】電界 E の中で、電荷 q をもつ荷電粒子が受ける力は

$$F = qE$$

です。これを運動方程式

$$F = ma = m\frac{\mathrm{d}^2 x}{\mathrm{d}t^2}$$

に当てはめましょう。電界と電荷はそれぞれ $E = E_0 \cos \omega t$

第 4 章 変幻自在・ゆらゆらの振動と波動

と $q = -e$ なので

$$m\frac{d^2x}{dt^2} = qE$$
$$= -eE_0 \cos\omega t \tag{4.26}$$

となります。位置 x の式に直すために,まずこの式を t で積分しましょう。

$$\frac{dx}{dt} = -\frac{eE_0}{m\omega}\sin\omega t + C_1 \tag{4.27}$$

ここで,C_1 は積分定数ですが,速度に関する初期条件からゼロになります。これから,この電子の最大速度 ($eE_0/(m\omega)$) がわかりますね。

さらにもう一度 t で積分すると,電子の位置が求められます。

$$x = \frac{eE_0}{m\omega^2}\cos\omega t + C_2$$

ここで,C_2 も積分定数ですが,初期条件 ($t = 0$ で $x = eE_0/(m\omega^2)$) から

$$\frac{eE_0}{m\omega^2} = \frac{eE_0}{m\omega^2} + C_2$$

となりますので,$C_2 = 0$ です。結局,電子の位置を表す式としては

$$x = \frac{eE_0}{m\omega^2}\cos\omega t \tag{4.28}$$

を得ます。これは式 (4.18) とよく似ているので,単振動ですね。ちなみに,この式を $\cos\omega t$ について解いて,式 (4.26) に代入すると,

$$m\frac{\mathrm{d}^2 x}{\mathrm{d}t^2} = -eE_0 \frac{m\omega^2}{eE_0} x$$

を得ますが,これを整理すると,もうおなじみの単振動の微分方程式になりますね.

$$\frac{\mathrm{d}^2 x}{\mathrm{d}t^2} + \omega^2 x = 0$$

このようにして,振動電場中の荷電粒子が,電場と同じ振動数で単振動することがわかりました.さて,式 (4.27) で $C_1 = 0$ としたものを $\sin \omega t$ について解くと,

$$\sin \omega t = -\frac{m\omega}{eE_0} v$$

となります($\frac{\mathrm{d}x}{\mathrm{d}t}$ を v で置き換えました).さらに,式 (4.28) を $\cos \omega t$ について解くと,

$$\cos \omega t = \frac{m\omega^2}{eE_0} x$$

が得られます.それぞれを 2 乗して足し合わせると

$$\sin^2 \omega t + \cos^2 \omega t = \left(\frac{m\omega}{eE_0} v\right)^2 + \left(\frac{m\omega^2}{eE_0} x\right)^2 = 1$$

となります.

ここで,三角関数の関係式 $\sin^2 A + \cos^2 A = 1$ を利用しました.

さらに整理すると,

$$v^2 + \omega^2 x^2 = \left(\frac{eE_0}{m\omega}\right)^2$$

第 4 章 変幻自在・ゆらゆらの振動と波動

が導かれます。この両辺に $m/2$ を掛けると，

$$\frac{1}{2}mv^2 + \frac{1}{2}m\omega^2 x^2 = \frac{1}{2}m\left(\frac{eE_0}{m\omega}\right)^2$$

となり，左辺第1項は電子の運動エネルギーで，第2項は電子の位置エネルギーですから，この電子の全エネルギーがやはり保存されていることがわかります。

学生「先生，質問でーす！」
先生「オヤッ，元気だね。どうぞどうぞ。質問大歓迎だよ」
学生「左辺の第 2 項が位置エネルギーといわれても，ピンと来ません」
先生「アッ，そうか。位置エネルギーはポテンシャル・エネルギーともよばれるんだけど，ポテンシャル・エネルギー E_p と力 F との間には，全エネルギーが保存されるなら常に

$$F = -\frac{\mathrm{d}}{\mathrm{d}x}E_\mathrm{p}$$

の関係があるんだよ。だから，この場合も第 2 項を x で微分してみてごらん。力が現れるから」
学生「エーッ？ そうかなあ？ エーット，$-m\omega^2 x$ と変なのが出てきましたよ。これって力ですかァ？」
先生「電子が受ける力は何だったかな？」
学生「式 (4.26) です。つまり，

$$m\frac{\mathrm{d}^2 x}{\mathrm{d}t^2} = -eE_0\cos\omega t$$

ですが？」
先生「その右辺を，電子の位置である

$$x = \frac{eE_0}{m\omega^2}\cos\omega t$$

を使って書きなおすと,どうなるかな?」

学生「アッ,さっきの変な $-m\omega^2 x$ になりました。本当に力になるんですねェ。あら不思議……」

先生「ウン,逆に,力に -1 を掛けて x で積分するとポテンシャル・エネルギーになるんだよ。これまでの例題についても,それぞれの力を積分して確かめてごらん」

4.6
運動会の棒倒し? いえ,棒振り子

前問の電子の運動やバネ振り子は「1 次元振動」ですが,柱時計や催眠術で使われる振り子はおもりの軌道が「平面」をカバーする「2 次元振動」です。ここでは棒振り子を例にして,1 次元振動の知識がどのくらい有効か調べてみます。

―― \ナットク/ の例題 4-6 ――

長さ L の軽い棒の上端を固定し,下端に質量 m のおもりを付けて棒振り子を作る。この振り子の振動数と周期を求めなさい。

【 答え 】この問題を解くには,おもりの運動方程式を解く必要があります。そのために,おもりの加速度とおもりに作

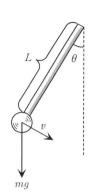

図 4-7 棒振り子

用する力を分析しましょう。

図 4-7 に示されているように，棒が鉛直方向と成す角度を θ ラジアンとします。棒は伸縮しませんから，おもりの速度は明らかに θ 方向で，常に棒に垂直です。このとき，おもりの速度は，どのように表されるでしょう。まず，棒の角度が θ から $d\theta$ だけ変化するとき，おもりの位置は $Ld\theta$ だけ移動します。この運動にかかる時間を dt とすると，おもりの速度 v は，

$$v = L\frac{d\theta}{dt}$$

で表されます。おもりの加速度は，この速度をさらに t でもう一度微分すれば得られます。

$$a = \frac{dv}{dt} = L\frac{d^2\theta}{dt^2}$$

ところで，おもりは地球の重力によって振動します。おもりが受ける重力の速度方向成分は，図から $-mg\sin\theta$ です。したがって，おもりに関するニュートンの運動方程式 $F = ma$ は，以下のようになります。

$$mL\frac{\mathrm{d}^2\theta}{\mathrm{d}t^2} = -mg\sin\theta$$

簡単にすると，

$$\frac{\mathrm{d}^2\theta}{\mathrm{d}t^2} + \frac{g}{L}\sin\theta = 0 \tag{4.29}$$

となり，$\omega_0{}^2 = g/L$ とおくと，

$$\frac{\mathrm{d}^2\theta}{\mathrm{d}t^2} + \omega_0{}^2\sin\theta = 0 \tag{4.30}$$

という非線形微分方程式が出てきました。未知関数である θ が，サイン関数の中身になっている（1次式でない）から，非線形なのです。

 式 (4.30) は，これまで学んだ単振動の微分方程式にちょっと似ていますね。これが振り子の厳密な運動方程式です（厳密にいうならば，振り子は単振動をしないのです！）。以下では式 (4.31) のように近似して，単振動の運動方程式として扱います。

　なお，微分方程式 (4.30) は非線形でちょっと解きにくいのですが，実はこの微分方程式には厳密な解が存在します。それは「楕円関数」とよばれ，有用です。しかし，それは特殊関数で少々難解なため，ここでは飛ばします。

　さて，サイン関数はその角度が充分小さければ（$|\theta| \ll 1$），

$$\sin\theta \approx \theta \tag{4.31}$$

と近似できます。したがって，その条件の下で式 (4.30) は，

$$\frac{d^2\theta}{dt^2} + \omega_0^2 \theta = 0$$

と線形化されるのです。これは単振動の式に他なりません。この式の解は，式 (4.16) より，

$$\theta = A\sin\omega_0 t + B\cos\omega_0 t \tag{4.32}$$

となります。つまり，棒（単）振り子は，そのゆれ幅が充分小さければ単振動をし，その角振動数は，$\omega_0 = \sqrt{g/L}$ で与えられます。角振動数が大きいのは棒が短く，重力加速度が大きい場合です。よって，その周期 T は，$\omega_0 T = 2\pi$ から，$T = 2\pi/\omega_0$ となります。

4.7
そういえば，なぜ電気が流れるのか？
銅線中の電子分布

クイズ 1

長さ 1 メートルの銅線があります。この銅線で回路を作り，電圧をかけると，内部の「自由電子」が加速されて電流が流れます。さて，電圧をかけないとき，自由電子は銅線内でどのように分布しているでしょうか？ 次の (1)〜(3) から選びなさい。
(1) 一様に分布　(2) 両端に多めに分布　(3) 中央部に多めに分布

ここまで，いろいろな力を受ける粒子の運動について述べてきました。力には，重力，バネの復元力，電気力などがありました。そして，それらはニュートンの運動方程式によって説明されました。しかし，固体中の電子や陽子などの「素粒子」の性質は，量子力学によって記述されることが知られています（厳密には，陽子は素粒子ではありません）。その量子力学で，運動方程式の役割を果たすのが，シュレーディンガーの**波動方程式**です。つまり，それら素粒子は，波動としての性質も併せもっており，その波動性を説明するのが波動方程式です。難しそうに聞こえるかもしれませんが，大したことはありません。

定常的な波動方程式

まず，さきほど出てきた時間的な単振動の式を思い出しましょう。

$$\frac{d^2\theta}{dt^2} + \omega_0{}^2 \theta = 0$$

波動とは空間的な「ゆらゆら」ですから，時間 t を位置 x に置き換えます。ここでは，特に波動方程式の中でも時間に依存しない（時間 t が含まれない）定常的なバージョンを考えますから，このような置換が可能なのです。そして角度 θ を関数 $f(x)$ に置き換えます。すると，

$$\frac{d^2 f(x)}{dx^2} + \omega_0{}^2 f(x) = 0$$

が得られますが，ここで角振動数の 2 乗（$\omega_0{}^2$）をある関数 $\{E - V(x)\}/A$ と置くと，定常的な波動方程式が得られます。

$$\frac{\mathrm{d}^2 f(x)}{\mathrm{d}x^2} + \frac{E - V(x)}{A} f(x) = 0$$

上式をちょっと並べ替えましょう。

$$-A \frac{\mathrm{d}^2 f(x)}{\mathrm{d}x^2} + V(x) f(x) = E f(x) \tag{4.33}$$

A, E は定数ですし，$V(x)$ さえもよく一定になりますから，一見して，そんなに難しそうではないですね。現に，単振動の微分方程式と本質的に同じです。ここで，$A = \hbar^2/(2m)$ で $\hbar = h/(2\pi)$，h はプランク定数 $= 6.6 \times 10^{-34}$ J·s，そして $V(x)$ は粒子の位置（ポテンシャル）エネルギーです。A はちょっと複雑そうですが，ただの定数です。E は素粒子（電子）の全エネルギーです。$f(x)$ は 1 次元の空間を伝わる波を表す**波動関数**で，1 個のミクロ粒子に対応します。

量子力学の特徴の一つは粒子の位置を厳密に決定できないことで，1 個の粒子が位置 x にいる確率は，$|f(x)|^2$ で表されます。したがって，その粒子が $-\infty < x < \infty$ のどこかにいる確率は 1 なので，次式が成り立ちます。

$$\int_{-\infty}^{\infty} |f(x)|^2 \, \mathrm{d}x = 1 \tag{4.34}$$

これを**正規化条件**または**規格化条件**とよびます。

<u>波動方程式は全エネルギー E，位置（ポテンシャル）エネルギー $V(x)$ をもつ粒子が，点 x にいる確率 $f(x)$ についての 2 階微分方程式です。</u>この微分方程式 (4.33) は，位置エネルギー $V(x)$ の形さえ単純なら，これまで学んだ方法でやさしく解けて，波動関数 $f(x)$ が求められます。一方，$V(x)$ が複雑な場合には，計算機で数値的に解きます。

銅線の場合，$V(x)$はどんな形になっているでしょう？ 電圧をかけていないとき，銅線には電流は流れません。これは，銅線の両端で$V(x)$の値が高くて，障壁（バリア）を形成していることが原因だと考えられます。要するに，銅線内はバリアフリーですが，両端がそうではないのです。ですから，簡単のために，以下のように位置エネルギーを仮定しましょう。

$$V(x) \begin{cases} 0 & (0 \leq x \leq L) \\ \infty & (x < 0,\ x > L) \end{cases}$$

つまり，図4-8に示されているように，電子を無限に高い塀の中に捕らわれた囚人のような存在なのです。位置エネルギー障壁を無限大にすると，かえって問題が難しくなるのでは？ と疑問に思われるでしょうか？ いえいえ，以下に示すように問題はすこぶる簡潔化されるのです。さあ，これで準

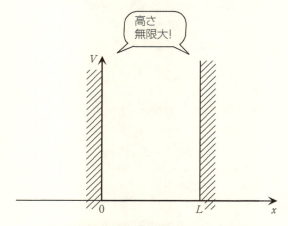

図4-8 無限に高い位置エネルギーの障壁

第 4 章 変幻自在・ゆらゆらの振動と波動

備完了。それではいよいよ微分方程式 (4.33) を解き始めましょう。

───── \ナットク/ の例題 4-7 ─────

銅線内の自由電子の空間分布を調べなさい。またそれらのエネルギーはいくらか？

【 答え 】ウーン，難しそうな問題に見えますよね。思わずあとずさり？ けど大丈夫。波動方程式 (4.33) を利用すれば，すぐ解けます。

まず，$x < 0$, $x > L$ においては位置エネルギーは無限大ですから，電子は存在できません。実際，式 (4.33) の第 2 項を有限にするには，$f(x) = 0$ であることが必要です。したがって，この領域には電子は不在です。

次に，銅線内ではどうでしょう？ $V(x)$ はゼロですから，式 (4.33) は，

$$-A\frac{\mathrm{d}^2 f(x)}{\mathrm{d}x^2} = Ef(x)$$

と簡単になります。これを整理すると，

$$\frac{\mathrm{d}^2 f(x)}{\mathrm{d}x^2} + \frac{E}{A}f(x) = 0 \tag{4.35}$$

という，おなじみの単振動の微分方程式が登場しました！

ただし，これまでと違い，この振動は時間的なものではなく，空間的なものですね。ですから，解も，ちょっとだけ異なります。時間的な角振動数 ω の代わりに，空間的な角振動数に対応する**波数** k を

$$k = \sqrt{\frac{E}{A}} = \frac{\sqrt{2mE}}{\hbar} \tag{4.36}$$

と定義して，式 (4.35) を

$$\frac{\mathrm{d}^2 f(x)}{\mathrm{d}x^2} + k^2 f(x) = 0 \tag{4.37}$$

と書き直しましょう．

> 波数 k は $k = 2\pi/\lambda$ と定義され，長さ 2π 中に存在する波長 λ の数を表します．波の科学や量子力学で重要な役割をになう量です．

すると，波動関数は

$$f(x) = \alpha \sin kx + \beta \cos kx$$

と表せます．α, β は積分定数です．x の関数として空間的に振動していますから，まさに「波動」関数になっていますね．空間的な「ゆらゆら」です．電子の存在確率を得るためには，積分定数 α, β を決定する必要があります．そのためには境界条件を利用します．つまり，銅線の境界である $x = 0$, L で $f(x) = 0$ になるという条件です．

まず，$x = 0$ での条件から $f(0) = \alpha \sin 0 + \beta \cos 0 = \beta = 0$ が求められますから，波動関数はすでに

$$f(x) = \alpha \sin kx$$

と簡略化されました．次に，$x = L$ での条件から $f(L) = \alpha \sin kL = 0$ となります．これは重要な条件です．なぜなら，これから，$kL = n\pi$ $(n = 1, 2, 3, \ldots)$ という波数の大切

な性質が現れるからです。すると、面白いことに波数の定義は式 (4.36) で与えられましたから、これから銅線中の電子の全エネルギー E まで算出されます。

式 (4.36) を 2 乗して、E について解き、上の波数の性質 ($k = n\pi/L$) を代入すると、次のように E が求められます。

$$E = \frac{(\hbar k)^2}{2m} = n^2 \frac{h^2}{8mL^2}$$

ここで、$\hbar = h/(2\pi)$ を利用しました。このように、銅線中の電子のエネルギーは、銅線の長さにより決定されるのです。すなわち、銅線が長いほどエネルギーが低くなります。そしてさらに重要なポイントは、電子のエネルギーが連続的には変化できない点です。つまり、銅線中の電子がとる最小のエネルギーは、$n = 1$ の場合の $E_1 = h^2/(8mL^2)$ ですが、次に低いエネルギーは、$n = 2$ の場合の $E_2 = 4E_1$、そしてその次が $n = 3$ の場合の $E_3 = 9E_1$、と連続ではなく飛び飛び（このことを「離散的」といいます）に変化するのです（図 4-9）。これがいわゆる、エネルギーの「量子化」で、量子力学で取り扱われるミクロ粒子の性質です。長くなってきましたので、そろそろ終わりにしましょう。

エッ？ クイズの答えがまだ？ そうでしたね。しかし、それは波動関数 $f(x) = \alpha \sin kx$ の絶対値の 2 乗から求められますね。すなわち、

$$|f(x)|^2 = \alpha^2 \sin^2 kx$$

が電子の相対的な存在確率を与えます。「相対的」と書いたのは、この波動関数の係数 α が未調整だからです。式 (4.34) の規格化条件を満たす係数 α を得なければなりません。

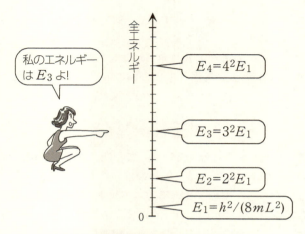

図 4-9 銅線内の自由電子の全エネルギー

> 練習問題として挑戦してみてください。上の式 $|f(x)|^2 = \alpha^2 \sin^2 kx$ を式 (4.34) に代入し，α について解くだけです。

　しかし，とりあえず電子が銅線のどのあたりに集中する傾向があるかは求められます。図 4-10 には，最小エネルギーをもつ電子 ($n=1$) の相対的な存在確率を実線で示しました。クイズの答えは（3）ですね。

　この電子にエネルギーを与えると，与えたエネルギーに応じて上のエネルギー ($n=2,3,\ldots$) に移動します。$n=2$ のエネルギー（励起状態）に対応する存在確率（破線）も示しました。エネルギーによって存在確率がさまざまに変化するようすもわかります。

　さて，量子力学の世界はいかがでしたか？ 量子力学は，素

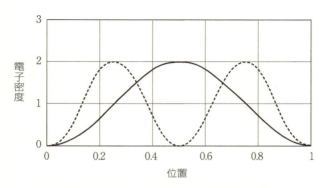

図 4-10　長さ 1m の銅線内の自由電子密度（相対値）

粒子の世界の探究はもちろん，宇宙の理解にも欠かせません。さらに，パソコンで使われるメモリーやレーザーをはじめとする多種多様なエレクトロニクス製品に応用されていますから，情報科学やナノテクノロジーの根幹を成しています。現在でも量子力学は，情報科学やナノテクを通して，医療やバイオなど他の領域にまで広く貢献しつつあります。アッ，そうそう，原子力発電も量子力学の成果の一つでした。

4.8
これでもコンピュータ？
アナログ電気回路

現代は情報化社会，コンピュータの時代です。機能を充実させたスマートフォンもコンピュータとみなせますから，

誰でもコンピュータを利用する世の中です。以下に，わずかのお金で誰でも簡単に作れるコンピュータをご紹介しましょう。

ここまで実にさまざまなゆらゆらの例を見てきました。本節ではついに，本章の目標であった2階の定係数微分方程式を解きますが，それがコンピュータとどう関係しているのでしょう？

＼ナットク／の例題 4-8

- **アナログ・コンピュータ（応用分野：電気電子工学）**

  直列接続された抵抗 R, コイル L, コンデンサー C と V_0 ボルトの直流電源（電池）から構成される電気回路を考えます。この RLC 回路を流れる電流 I を求めなさい。具体的には，$R = 1$ キロオーム，$L = 1$ ミリヘンリー，$C = 20$ ナノファラド，$V_0 = 10$ ボルトのとき，初期条件として $t = 0$ のとき，コンデンサーの電荷も，電流もゼロとして，時刻 t での電流を求めなさい。

【 答え 】抵抗 R, コイル L, コンデンサー C の各素子での電位差は以下で与えられます。

$$\text{抵抗} \quad V = IR$$

$$\text{コイル} \quad V = L\frac{dI}{dt}$$

$$\text{コンデンサー} \quad V = \frac{Q}{C}$$

初期電荷がゼロのコンデンサー内の電荷 Q と電流 I の関

第 4 章 変幻自在・ゆらゆらの振動と波動

係は,式 (2.20) の両辺を積分しますが,I の厳密な積分には,擬似的な時間 t' を導入し,それを 0 から t まで定積分します。

$$Q = \int_0^t I \mathrm{d}t'$$

なので,各素子での電位差の和は電源の電位差に等しいことを式で表すと,

$$RI + L\frac{\mathrm{d}I}{\mathrm{d}t} + \frac{1}{C}\int_0^t I\mathrm{d}t' = V_0 \tag{4.38}$$

と電流 I に関する微分積分方程式を得ます。

積分形を消去するために,さらに両辺を t で微分しましょう。

$$R\frac{\mathrm{d}I}{\mathrm{d}t} + L\frac{\mathrm{d}^2 I}{\mathrm{d}t^2} + \frac{1}{C}I = 0$$

本章の目標であるかなり一般的な 2 階斉次形(定係数)微分方程式が満を持して登場しました。並べ替えて,両辺を L で割ると,

$$\frac{\mathrm{d}^2 I}{\mathrm{d}t^2} + \frac{R}{L}\frac{\mathrm{d}I}{\mathrm{d}t} + \omega_0^2 I = 0 \tag{4.39}$$

となります。ここで,$\omega_0^2 = 1/(LC)$ です。この斉次形微分方程式を解けばよいわけです。

単振動の微分方程式 (4.15) と比べてみると,ちょっとだけ違っています。そう,左辺の第 2 項が余分ですね。これは物理的には,電流が抵抗によって消費される状況を表しています。バネの場合だとダンパー(減衰器)や空気抵抗に相当します。どちらにしても「抵抗」です。

ここで,式 (4.39) を解くために直感的な方法を採用します。つまり,

$$I = Ae^{at} \tag{4.40}$$

と置くのです。a は複素数とします。

思い起こせば,単振動の微分方程式 (4.15) を解くときに,

$$I = A\sin\omega_0 t + B\cos\omega_0 t \tag{4.41}$$

と置きました。ここで,置き換え式 (4.40) は式 (4.41) と同等,または虚数を含むのでさらに一般的な置き換えなのです。とにかく,式 (4.40) を式 (4.39) の斉次式に代入してみましょう。すると,

$$\frac{dI}{dt} = aAe^{at} = aI$$
$$\frac{d^2I}{dt^2} = a^2Ae^{at} = a^2I$$

ですから,式 (4.39) は次のようになります。

$$a^2 I + a\frac{R}{L}I + \omega_0{}^2 I = 0$$
$$\left(a^2 + \frac{R}{L}a + \omega_0{}^2\right)I = 0$$

この代数方程式の解は何でしょう？ $I = 0$？ I が常にゼロだと電流が流れないことになりますから,それは困りますね。ですから,

$$a^2 + \frac{R}{L}a + \omega_0{}^2 = 0$$

を満たす a を求めましょう。これを 2 次方程式の解の公式を

使って解きましょう。その結果,

$$a = \frac{1}{2}\left(-\frac{R}{L} \pm \sqrt{\left(\frac{R}{L}\right)^2 - 4\omega_0{}^2}\right) \quad (4.42)$$

を得ます。

 2 次方程式 $Ax^2 + Bx + C = 0$ の解の公式は $x = \frac{-B \pm \sqrt{B^2 - 4AC}}{2A}$ です。

よって,式 (4.40) から一般解は,

$$\begin{aligned} I &= Fe^{\frac{1}{2}\left(-\frac{R}{L} + \sqrt{\left(\frac{R}{L}\right)^2 - 4\omega_0{}^2}\right)t} \\ &+ Ge^{\frac{1}{2}\left(-\frac{R}{L} - \sqrt{\left(\frac{R}{L}\right)^2 - 4\omega_0{}^2}\right)t} \end{aligned} \quad (4.43)$$

と求まります。F, G は積分定数ですが,やや複雑な形をしていますね。しかし各項で,電流が時間の関数として指数関数的に減衰することが示されています。このような現象は一時的,つまり過渡的なものなので**過渡現象**とよばれます。過渡現象については次章で詳しく説明します。

図 4-11 には,具体的な素子の数値と初期値を式 (4.43) に代入して求めた電流 I の時間変化を示しました。$t = 0$ では $I = 0$ ですが,そこから上昇して飽和し,ゼロに向かって減衰します。

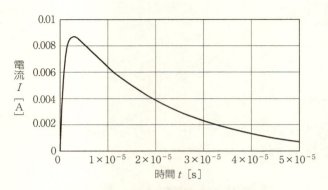

図 4-11　RLC 回路を流れる過渡電流

----- 要点チェック -----

2 階線形の斉次形微分方程式

$$Ay'' + By' + Cy = 0$$

の解は時間的な振動，または空間的な波動を表します。係数 B は抵抗に，C は周期性（振動数や波長）に関連します。

答え　【クイズ 1】の答え　読み進めてください。

第5章

摩擦力と駆動力の不思議なコラボレーション

～2階非斉次微分方程式～

目標 —— 本章では、いよいよ2階の非斉次形（定係数）常微分方程式

$$Ay'' + By' + Cy = F(t)$$

を解けるようになる。ここで、A, B, C はそれぞれ定数で、入力 $F(t)$ は時間 t の関数（$F(t) = 0$ としたものが斉次形だった）。$F(t)$ が周期力のときに起こる重要な現象＝共鳴についても学ぼう。

学生「先生,この式の形から察するに,またバネの話じゃないでしょうね?」

先生「そうだよ。意外と興奮するでしょ?」

学生「い〜え,その反対です。なんだかもう飽きてきました」

先生「それは君の経験と想像力が貧困だからじゃないかな。世の中にバネほど面白いものはないかもしれませんよ」

学生「エーッ? 先生,またまた大げさな冗談ばっかり!」

先生「バネの問題が解けると,前章で学んだように,さまざまな振動系や波動系まで理解できますね。好不調の波とか景気の波はともかく,ミクロ世界の量子振動から宇宙スケールの超大規模波動までも! バネ振動はそれらの基盤を与えてくれるのです」

学生「本当かなあ。バネなんて,なんとなく地味ですよねェ」

先生「(ニコニコしながら)それは偏見。君が知らないだけで,バネ自体も面白さにあふれています。たとえば,小さな風船に水を入れてその口をゴムひもで縛った,あのおもちゃの水風船を思い出しましょう」

学生「アー,あれも本質的にはバネとおもりの組み合わせですよね。そういえば」

先生「風船を手から吊り下げて,手をユーックリと上下させるとどうなるかな?」

学生「風船も手と同じタイミングで上下振動します」

先生「そう,ご名答! それでは手を思いっきり速く振動させると風船は?」

学生「アッ,手の動きと逆向きに振動するような記憶があるんですが……」

先生「そうですね。そのとき,手は高速で振動しているのに,

第 5 章　摩擦力と駆動力の不思議なコラボレーション

　　　風船の位置はほとんど動きません。不思議に思わない
　　　かな？」
学生「そういわれれば，そうですね」
先生「簡単な実験法を次の🔼に示すけど，その風船の動きが
　　　自動車にも応用されているんですよ」
学生「エーッ？？　どんなふうにですか？」
先生「ウン，意外でしょ。だから学問は面白い！ デコボコ道
　　　を考えましょう。ゆったりとした，なだらかなデコボコ
　　　道の場合，そこを通る自動車の車体は道の凹凸と一緒に
　　　上下しますね？」
学生「フムフム，水風船の場合と似てますね」
先生「デコボコの間隔が密になったり，自動車の速度が上がっ
　　　たりすると，自動車が路面から受ける振動数は高まりま
　　　すね。このとき，水風船と同じように車体が道の上下と
　　　は逆向きに振動するように設計されているのですよ」
座頭市「アーッ，それで振動が打ち消し合って，車内の人はあ
　　　まり揺れないんだね。お蔭さんで，あっしの疑問も氷解
　　　しましたよ」
先生「アレッ？　さすが座頭市さん，全然あなたの気配を感じ
　　　ませんでしたよ。そうですね。車にとって最悪なのは，
　　　車とデコボコ道の振動が同調して車が大きく揺れること

です。これが本章のキーワードでもある共鳴です。自動車などの現代の乗り物では、共鳴を避けるように、バネの強さに工夫が凝らされているんですよ」

座頭市「江戸時代の乗り物には、駕籠にしても馬にしても、バネが付いていないから乗り心地が悪かったんだな。なるほどバネとは便利なものだなァ」

学生「フーン、本当に便利なものですね。けど振動数が高くなると、なぜおもりや車体の揺れの向きが逆転するんですか?」

先生「そのことを理解するためにも、バネの微分方程式を解く必要があるわけです。これから類推できるように、バネが理解できれば、自動制御や電気回路などについても理解がうんと進むのです」

学生と座頭市「ワーッ、先生、それじゃ早くバネについて教えてください!」

先生「ようこそ、楽しい振動の世界へ!」

簡単実験法……ここに書かれているようなことが本当に起こるのかなあ、と疑っている方々へ。ごく簡単に確かめられます。用意するものは、輪ゴム 4〜5 本と小さな薬ビンかプラスチック製のガムの容器です。まず、輪ゴムをつないで長さ 20〜30 センチのゴムひもを作り

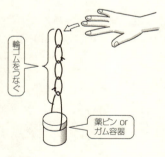

ます。ガムの容器を使う場合、軽いので、水を入れて充分重くします。次に、容器のふたでゴムひもの端を押さえ、ゴムひもを容器に固定します。ゴムひもの他端を中指にひっかけて上

第 5 章　摩擦力と駆動力の不思議なコラボレーション

下振動させると，振動の実験ができます。

5.1
はじめの一歩
今度はバネ振り子を吊り下げよう

著者が一度ぜひ体験してみたい遊びにバンジージャンプがあります。あれも一種のバネで，ジャンプした人はしばらく振動しますが，振動はやがて減衰しますね。バンジージャンプのようにバネを吊り下げたおもりの位置について考えてみましょう。おもりの位置は「高さ」で表されるので，高さを x で表すことにします。自然長 L の軽いバネを吊り下げ，下端の位置を 0 とします。ここでは特別に下方向を + とします。バネの下端におもりをつけると，おもりは重力 mg を受けるので，バネが自然長から引き伸ばされて新たな平衡点 x_c に達します。そのとき，バネの力（上向き，− 方向）と重力（下向き，+ 方向）の関係式は

$$-kx_c + mg = 0$$

となります。つまり，$kx_c = mg$ です。これらを踏まえて，次の例題を解きましょう。

\ナットク/ の例題 5-1

- **吊り下げられたバネ（応用分野：科学・工学一般）**

図 5-1 のおもりを平衡点から x_0 だけ上に押し上げ（バネを縮ませ）てから放すと，どんな運動をするか調べ

なさい。

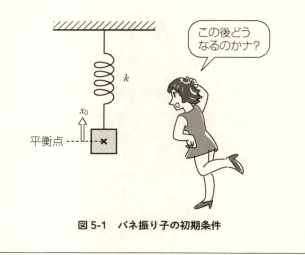

図 5-1　バネ振り子の初期条件

【 答え 】おもりの運動方程式は次のようになります。

$$F = ma = -kx + mg$$

いつものように加速度を x の微分形で表すと，

$$\frac{d^2 x}{dt^2} = -\frac{k}{m}x + g$$

という 2 階の線形微分方程式を得ます。ここで，またいつものように

$$\omega_0{}^2 = \frac{k}{m} \tag{5.1}$$

とおくと，微分方程式は

$$\frac{d^2 x}{dt^2} + \omega_0{}^2 x = g \tag{5.2}$$

となります。単振動の微分方程式（式 (4.15)）を少し一般化した式になりました。これは，右辺がゼロではない非斉次形の 2 階常微分方程式ですね。

どう料理しましょうか？　とても簡単な調理法があります。変数の置き換えです。上式を

$$\frac{d^2(x - x_c)}{dt^2} + \omega_0{}^2(x - x_c) = 0$$

と書き換え，さらに $X = x - x_c$ とするのです。すると結局，

$$\frac{d^2 X}{dt^2} + \omega_0{}^2 X = 0 \tag{5.3}$$

と斉次形になりました。これは式 (4.15) と同形の単振動の式ですから，容易に解けます。式 (4.15) の解は式 (4.16) なので，式 (5.3) の解は

$$X = A \sin \omega_0 t + B \cos \omega_0 t \tag{5.4}$$

と書けます。したがって，式 (5.2) の一般解は

$$x = A \sin \omega_0 t + B \cos \omega_0 t + \frac{g}{\omega_0{}^2}$$

ですが，右辺第 3 項の角振動数を式 (5.1) で書き換えると，

$$x = A \sin \omega_0 t + B \cos \omega_0 t + \frac{mg}{k} \tag{5.5}$$

となります。一般解の登場です。上式に初期条件（$t = 0$ で $x = x_c - x_0$）を当てはめ，第 4 章で式 (4.18) を導いたときと同様にすると，

$$x = -x_0 \cos \omega_0 t + \frac{mg}{k} \tag{5.6}$$

を得ます。つまり，平衡点 $x = \frac{mg}{k}$ の周りの単振動です。

5.2
現実への貴重なステップ
抵抗力の導入

ここで，さらに微分方程式の一般化を進めましょう。しかし，いつものように無理のない形でやりますのでご心配なく。おまけに，次の例題には思わぬご褒美まで付いてきます。

> **＼ナットク／の例題 5-2**
>
> ● ダンパー付きバネ振り子（応用分野：科学・工学一般）
>
> 5.1 節では単に，吊り下げたバネ振り子について解きました。ここでは，おもりの両側面に付けられた車輪（ダンパー）が壁に接触して摩擦を受けるバネ振り子に一般化して，おもりの運動を調べなさい。
>
>
>
> 図 5-2 ダンパー（抵抗器）付きバネ振り子の振動

第 5 章 摩擦力と駆動力の不思議なコラボレーション

【 答え 】 ダンパーがある場合はもちろん，ない場合でも，現実のおもりは小さいとはいえ，空気抵抗 $F_r = -bv$ を受けますから，運動方程式は以下のようになります。

$$F = ma = -bv - kx + mg$$

ここでも下向きを + とします。これを微分形にすると，

$$m\frac{\mathrm{d}^2 x}{\mathrm{d}t^2} + b\frac{\mathrm{d}x}{\mathrm{d}t} + kx = mg \tag{5.7}$$

となります。私たちが目標とする微分方程式（第 5 章扉を参照）によく似ています。さらに両辺を m で割ると，次の微分方程式が現れます。

$$\frac{\mathrm{d}^2 x}{\mathrm{d}t^2} + \frac{b}{m}\frac{\mathrm{d}x}{\mathrm{d}t} + \frac{k}{m}x = g$$

係数の置き換えを行って，次式が導かれます。

$$\frac{\mathrm{d}^2 x}{\mathrm{d}t^2} + B\frac{\mathrm{d}x}{\mathrm{d}t} + \omega_0{}^2 x = g \tag{5.7}'$$

ここでの係数 B は b/m で，式 (5.4) の一般的な B とは異なることに注意しましょう。

これぞ解くべき微分方程式です。同じ係数を使って，目標とする微分方程式を書いてみると，次のようになります。

$$\frac{\mathrm{d}^2 x}{\mathrm{d}t^2} + B\frac{\mathrm{d}x}{\mathrm{d}t} + \omega_0{}^2 x = H\sin\omega t \tag{5.8}$$

すると，式 (5.7)′ は，式 (5.8) の右辺を定数 g に置き換えたものに他なりません。式 (5.7)′ は右辺が定数ですが，それが解ければ，右辺が t に依存して変動する式 (5.8) の解にも

かなり肉薄できそうですね。

さて，式 (5.7)′ をどう解きましょう？ そう，5.1 節で行った変数の置き換えテクニックで次のように書き直します。

$$\frac{\mathrm{d}^2 (x-x_c)}{\mathrm{d}t^2} + B\frac{\mathrm{d}(x-x_c)}{\mathrm{d}t} + \omega_0{}^2 (x-x_c) = 0$$

x_c は定数ですから，t で微分するとゼロになります。そこで，$X = x - x_c$ とおくのです。その結果，上式は次のようになります。

$$\frac{\mathrm{d}^2 X}{\mathrm{d}t^2} + B\frac{\mathrm{d}X}{\mathrm{d}t} + \omega_0{}^2 X = 0 \tag{5.9}$$

ちょっとだけスッキリして斉次形になりましたね。ホッ……。この斉次形の微分方程式を解けばよいわけですが，うれしいことに，これは RLC 回路の式 (4.39) と同形ですね。すなわち，私たちは式 (5.9) をすでに前章で解いているのです！ したがって，前章のように

$$X = Ae^{at} \tag{5.10}$$

とおくことができます（a は複素数）。すると，

$$a = \frac{1}{2}\left(-B \pm \sqrt{B^2 - 4\omega_0{}^2}\right) \tag{5.11}$$

となりますから，斉次式の一般解

$$\begin{aligned}X &= Fe^{\frac{1}{2}\left(-B+\sqrt{B^2-4\omega_0{}^2}\right)t} + Ge^{\frac{1}{2}\left(-B-\sqrt{B^2-4\omega_0{}^2}\right)t} \\ &= e^{-\frac{B}{2}t}\left(Fe^{\frac{1}{2}\sqrt{B^2-4\omega_0{}^2}t} + Ge^{-\frac{1}{2}\sqrt{B^2-4\omega_0{}^2}t}\right)\end{aligned} \tag{5.12}$$

を得ます。F, G は定数です。最後に，$X = x - x_c = x - \frac{mg}{k}$ と置き換えたことを思い出すと，式 (5.9) の一般解が求めら

第 5 章 摩擦力と駆動力の不思議なコラボレーション

れました。

$$x = e^{-\frac{B}{2}t}\left(Fe^{\frac{1}{2}\sqrt{B^2-4\omega_0^2}t} + Ge^{-\frac{1}{2}\sqrt{B^2-4\omega_0^2}t}\right) + \frac{mg}{k} \quad (5.13)$$

式 (5.13) は，抵抗を含まない場合の式 (5.5) によく似ていますね。違いはどこでしょう？

学生「先生なんとかしてください！ 難しくて脳みそがメルトダウンです！」

先生「(のんびりと) そうだねェ。確かに，ここまで出てきた一般解の中では，一番難しそうな形をしていますね。特殊解を導くのもそれほど容易でないように見えるでしょう。しかし，心配ないですよ。ご丁寧にもご褒美まで用意されていますし」

学生「エーッ，そういわれただけで安心するような私ではないですよ」

先生「この解の右辺の指数関数部は両項とも，時間的に減衰しそうな形をしてますね。そして，それは抵抗が原因ですね。抵抗がない，つまり $B=0$ のときの振動数は ω_0 に戻るから単振動になるのです。だから抵抗のため，単振動は指数関数的に減衰されることが表されているわけですね。このような振動は減衰振動とよばれ，前章で学んだ過渡現象の一種です。サイン関数やコサイン関数だけではこのような解は出てきません。指数関数の助けが必要です」

学生「ウン，なるほど！ それで解を式 (5.10) のようにおいたのですね。そういわれてみると，式 (5.13) は物理的

> にも納得できる解です」
> **先生**「それほど難しくないでしょ? けれども,抵抗があれば必ずこのような減衰振動になるとは限りません。ちょっと詳しく見てみましょう」
> **学生**「先生,ご褒美はどうなっているのですか?」
> **先生**「もう少しだけ待ってくださいね!」

こんなことまでわかるのか! 過渡現象のいろいろ

ここで,式 (5.8) の一般解 (5.13) を考察してみます。ただ,重力項は置き換え,$X = x - x_c$ で消去できますので,これ以降,簡単のため無視します。式 (5.13) が表す現象は,右辺のカッコ内の t についた係数 ($\sqrt{B^2 - 4\omega_0^2}$) の値が虚数,ゼロ,実数のいずれになるかで大きく異なります。つまり,平方根の中身 ($B^2 - 4\omega_0^2$) が負,ゼロ,正になる場合を分けて考える必要があるのです。順番に考えていきましょう。

(a) $B^2 - 4\omega_0^2 < 0$ の場合:減衰振動

抵抗が比較的小さい ($B < 2\omega_0$) と,平方根は虚数になります。

$$x = e^{-\frac{B}{2}t}\left(Fe^{\frac{i}{2}\sqrt{4\omega_0^2 - B^2}t} + Ge^{-\frac{i}{2}\sqrt{4\omega_0^2 - B^2}t}\right)$$

または

$$x = e^{-\frac{B}{2}t}\left(Fe^{i\omega_1 t} + Ge^{-i\omega_1 t}\right) \tag{5.14}$$

と書けます。ただし,

$$\omega_1 = \frac{\sqrt{4\omega_0^2 - B^2}}{2} = \sqrt{\omega_0^2 - \left(\frac{B}{2}\right)^2}$$

第5章 摩擦力と駆動力の不思議なコラボレーション

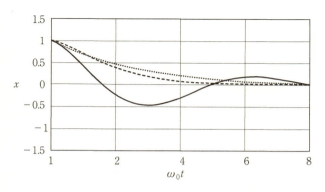

図 5-3 抵抗を受けるおもりのさまざまな振動

と置きました。また，新たな定数 F' および G' を使っておなじみの三角関数で表すと，次のようになります。

$$x = e^{-\frac{B}{2}t}\left(F'\sin\omega_1 t + G'\cos\omega_1 t\right) \tag{5.14}'$$

これは，振幅を $e^{-\frac{B}{2}t}$ に従って減衰させながら角振動数 ω_1 で平衡点の周りを振動するようすを表します。このような振動を**減衰振動**あるいは**小減衰**とよびます。振幅が減衰していき，時間が充分に経つと平衡点で停止します（図 5-3 の実線）。

(b) $B^2 - 4\omega_0{}^2 = 0$ の場合：臨界減衰

次は，抵抗がやや強い場合（$B = 2\omega_0$）です。そのとき，おもりの位置は

$$x = (F + G)\,e^{-\frac{B}{2}t}$$

と表されるように思えそうですね。ところが少々違うので

す。大まかな挙動はこれで表せるのですが、厳密には定数 H, K を用いて以下の式に従います。

$$x = e^{-\frac{B}{2}t}(H + Kt) = e^{-\omega_0 t}(H + Kt) \quad (5.15)$$

変ですね。これについては、以下の対話コーナーで説明します。とにかく大筋では、減衰振動の振動数がゼロになったもの（臨界点）に相当するので、**臨界減衰**（または**限界減衰**）とよばれます（図 5-3 の破線）。

(c) $B^2 - 4\omega_0^2 > 0$ の場合：過減衰

抵抗がかなり強いかバネが弱い（$B > 2\omega_0$）場合に見られる現象です。このときのおもりの位置は、式 (5.13) とまったく同じ形です。

$$x = e^{-\frac{B}{2}t}\left(Fe^{\frac{1}{2}\sqrt{B^2 - 4\omega_0^2}\,t} + Ge^{-\frac{1}{2}\sqrt{B^2 - 4\omega_0^2}\,t}\right)$$

しかし、指数に虚数が含まれないので振動しません。ただ減衰するのみなので、**過減衰**とか**大減衰**とよばれます（前章の 4.8 節参照）。上式でカッコを外した第 1 項は指数部が小さいのでゆっくり減衰し、第 2 項は速く減衰します。そしてやがて平衡点で停止します（図 5-3 の点線）。

 図 4-11 が過減衰の好例です。RLC 回路の電気抵抗を充分小さくすると振動が現れ、減衰振動になります。

このように抵抗を受けるおもりは、抵抗が非常に弱ければほとんど単振動しますが、抵抗が強まるにつれて減衰振動に変わり、臨界点では内部振動がなくなり、それ以上抵抗が強まると、ただ指数関数的に過減衰することがわかりました。

第 5 章 摩擦力と駆動力の不思議なコラボレーション

もっとわかりやすく！ 特殊解

もっと具体的な解を求めてみましょう。そのための初期条件として，$t=0$ で，このおもりを平衡点から x_0 だけ押し下げてから手を離すことにします。その条件を重力項を無視した式 (5.13)

$$x = F e^{\frac{1}{2}\left(-B+\sqrt{B^2-4\omega_0{}^2}\right)t} + G e^{\frac{1}{2}\left(-B-\sqrt{B^2-4\omega_0{}^2}\right)t}$$

に代入すると，

$$F + G = x_0 \tag{5.16}$$

を得ます。

また，手を離した瞬間（$t=0$）のおもりの速度はゼロです。つまり，式 (5.13) を t で微分したもの

$$\frac{dx}{dt} = F\frac{1}{2}\left(-B+\sqrt{B^2-4\omega_0{}^2}\right)e^{\frac{1}{2}\left(-B+\sqrt{B^2-4\omega_0{}^2}\right)t}$$
$$+ G\frac{1}{2}\left(-B-\sqrt{B^2-4\omega_0{}^2}\right)e^{\frac{1}{2}\left(-B-\sqrt{B^2-4\omega_0{}^2}\right)t}$$

が $t=0$ でゼロになるはずです。したがって，次の式が得られます。

$$F\left(-B+\sqrt{B^2-4\omega_0{}^2}\right) + G\left(-B-\sqrt{B^2-4\omega_0{}^2}\right) = 0$$

上の式を少しずつ整理していきましょう。

$$-B(F+G) + \sqrt{B^2-4\omega_0{}^2}\,(F-G) = 0$$

さらに，式 (5.16) より

$$-Bx_0 + \sqrt{B^2-4\omega_0{}^2}\,(F-G) = 0$$

となります。この式から $F-G$ を表す式を得ます。

$$F - G = \frac{Bx_0}{\sqrt{B^2 - 4\omega_0^2}} \tag{5.17}$$

式 (5.16) をもう一度ここに書きます。

$$F + G = x_0 \tag{5.18}$$

式 (5.17) と式 (5.18) の連立方程式を解いて，F と G を求めます。これは簡単です。

まず，式 (5.17) と式 (5.18) を辺々足して 2 で割ると，

$$F = \frac{1}{2}x_0 \left(1 + \frac{B}{\sqrt{B^2 - 4\omega_0^2}}\right)$$

が導かれます。そして，式 (5.17) と式 (5.18) の辺々の差をとり，-2 で割ると，

$$G = \frac{1}{2}x_0 \left(1 - \frac{B}{\sqrt{B^2 - 4\omega_0^2}}\right)$$

を得ます。これらを一般解に代入すれば，次の特殊解が得られます。

$$x = \frac{1}{2}x_0 \left(1 + \frac{B}{\sqrt{B^2 - 4\omega_0^2}}\right) e^{\frac{1}{2}\left(-B + \sqrt{B^2 - 4\omega_0^2}\right)t}$$
$$+ \frac{1}{2}x_0 \left(1 - \frac{B}{\sqrt{B^2 - 4\omega_0^2}}\right) e^{\frac{1}{2}\left(-B - \sqrt{B^2 - 4\omega_0^2}\right)t}$$

複雑ですね。共通項をくくり出すと，ちょっとだけ簡潔化されます。

$$x = \frac{1}{2}x_0 e^{-\frac{B}{2}t} \left\{ \left(1 + \frac{B}{\sqrt{B^2 - 4\omega_0^2}}\right) e^{\frac{1}{2}\sqrt{B^2 - 4\omega_0^2}\,t} \right.$$
$$\left. + \left(1 - \frac{B}{\sqrt{B^2 - 4\omega_0^2}}\right) e^{-\frac{1}{2}\sqrt{B^2 - 4\omega_0^2}\,t} \right\}$$

$$\tag{5.19}$$

第 5 章 摩擦力と駆動力の不思議なコラボレーション

学生「先生，なんでこんな面倒なことをしなければいけないんですか？ 逃亡したくなりました」

先生「ゴメンね。確かにちょっと面倒かもしれないけど，考え方はそれほど難しくはないですね。ここが重要なところだからもう少し我慢してください。このあたりの計算は，この授業でもっとも複雑なものなので，山場です。これさえ我慢できたらあとは大丈夫。できたら楽しんでほしいですね」

学生「重力の効果は大したことなかったですけど，もとはといえば，あの抵抗が入ったせいで複雑になったのですね。なぜですか？」

先生「それはいい質問ですね。抵抗 B が入る前は単振動だけでした。だから単振動の時間スケールしか考えなくてよかったのです」

学生「単振動の時間スケールって何ですか？」

先生「単振動の特徴的な時間のことなので，たとえば周期ですね。周期は $T = 2\pi/\omega_0$ と表されます。おもりはこの周期で往復運動します。ところが，抵抗が入ってくると減衰の時間スケールまで考えないといけなくなります。その時間スケールは何でしょうか？」

学生「ウーン，特殊解を見ると B に関係ありそう……」

先生「そうそう，もっとも重要な減衰は式 (5.19) の最初の指数関数 $e^{-\frac{B}{2}t}$ で与えられます。時間が経過してこの指数部が 1 に等しくなると，指数関数が約 1/3 まで減衰します。だから，そのときの時間 $t = T_\mathrm{d} = 2\pi/B$ が減衰の時間スケールということになりますね。だから，振動周期 $T \ll T_\mathrm{d}$ なら単振動が目立つし，その逆なら減衰が目立ちます。上の (a)，(b)，(c) の場合分けも，ほとんどそのようになってるでしょ」

学生「フーン,減衰ってなかなか大事なんですね。振り子の振動数まで ω_0 から ω_1 まで変えてしまうし……。けど,一般解くらいで止めておいてほしかったですね」

先生「特殊解を求めないと実際の問題が解けないし,あの一般解にはおかしいところがありましたね?」

学生「はあ,臨界減衰の解が要注意ということでしたが? それと何か関係が??」

先生「ウン,感心。よくぞ覚えてくれてました。臨界減衰とは減衰振動で $B^2 - 4\omega_0^2 \to 0$ の極限で観測される振る舞いです。では,上の式 (5.19) で,その極限をとってみるとどうなるでしょう?」

学生「ウーン,中カッコ内の第 1 項も第 2 項も指数がゼロになるから,指数関数は 1 になりますよね」

先生「じゃあ,分母は?」

学生「アッ,分母にも $B^2 - 4\omega_0^2$ があるからそれがゼロになると全体が無限大に発散しますね! こりゃ大変だ。臨界減衰なのに矛盾してる!」

先生「そんなときに役に立つトリックがあるのです。たとえば $\sin X / X$ を考えましょう。$X \to 0$ の極限でどんな値になるでしょう?」

学生「エーッと,上とちょっと似たような状況ですね」

先生「役に立つトリックとは,証明は省きますが,分母と分子をそれぞれ X で微分すればいいのです。これをロピタルの定理といいます」

学生「ヘーッ,すると,分母は 1 で分子は $\cos X$ だから 1 となって,結局 1 分の 1 で,極限も 1 ですか?」

先生「ご名答! だから,上の式の場合も $B^2 - 4\omega_0^2 \to 0$ の極限では,分母分子でそれぞれ $B^2 - 4\omega_0^2 = p$ とおき,p で微分すると,第 1 項の問題の箇所の分母は $1/(2\sqrt{p})$,

第 5 章 摩擦力と駆動力の不思議なコラボレーション

そして分子は $\frac{B}{2}t\frac{1}{2\sqrt{p}}e^{\frac{1}{2}\sqrt{p}t}$ を得ます。したがって

$$x = \frac{1}{2}x_0 e^{-\frac{B}{2}t}\left\{\left(1+\frac{B}{2}t\right)e^{\frac{1}{2}\sqrt{B^2-4\omega_0^2}t} \right. \\ \left. +\left(1+\frac{B}{2}t\right)e^{-\frac{1}{2}\sqrt{B^2-4\omega_0^2}t}\right\}$$

となります。結局,臨界減衰の特殊解は,$B^2 - 4\omega_0^2$ に 0 を代入して,

$$x = x_0 e^{-\frac{B}{2}t}\left(1+\frac{B}{2}t\right) = x_0 e^{-\omega_0 t}\left(1+\frac{B}{2}t\right)$$

と具体的(図 5-3 の破線)に与えられることがわかりますね」

学生「なあーるほど」

先生「ついでに,臨界減衰の一般解は

$$x = x_0 e^{-\frac{B}{2}t}(H+Kt) = x_0 e^{-\omega_0 t}(H+Kt)$$

です。ここで,H,K は定数です。$x = e^{-\frac{B}{2}t}$ も $x = te^{-\frac{B}{2}t}$ も,微分方程式を満たすからです。実際に式に代入して確かめてください」

 ここまでの結果を自動制御に応用できないでしょうか?

苦労して求めた過渡現象を表す上記の**過渡解**を応用する前に,本章でこれまで歩んできた道を振り返ってみましょう。かなり長い距離を進んできましたね。

―― 要点チェック ――

これまでに学んだ2階線形微分方程式を表 5-1 にまとめてみました。本章でも少しずつレベルアップしてきたことが一目瞭然ですね。方程式の一般化にともない，解も少しずつ一般化されました。さて，次のステップは？

表 5-1　これまで学んだ2階微分方程式

微分方程式の例	解（一般解または特殊解）
$\dfrac{d^2 y}{dt^2} = k$　式 (4.1)	$y = \dfrac{1}{2} k t^2 + C_1 t + C_2$　式 (4.3)
$\dfrac{d^2 x}{dt^2} + \omega_0{}^2 x = 0$　式 (4.15)	$x = x_0 \cos \omega_0 t$　式 (4.18) 「水平バネ振り子」
$\dfrac{d^2 x}{dt^2} + \omega_0{}^2 x = g$　式 (5.2)	$x = -x_0 \cos \omega_0 t + \dfrac{mg}{k}$　式 (5.6) 「吊り下げられたバネ振り子」
$\dfrac{d^2 x}{dt^2} + B \dfrac{dx}{dt} + \omega_0{}^2 x = g$　式 (5.7)′	$x = F e^{\frac{1}{2}\left(-B+\sqrt{B^2-4\omega_0{}^2}\right)t}$ 　$+ G e^{\frac{1}{2}\left(-B-\sqrt{B^2-4\omega_0{}^2}\right)t}$ 　$+ \dfrac{mg}{k}$　式 (5.13) 以下参照
$\dfrac{d^2 x}{dt^2} + B \dfrac{dx}{dt} + \omega_0{}^2 x = H \sin \omega t$　式 (5.8) 「駆動形」	

第 5 章　摩擦力と駆動力の不思議なコラボレーション

　私たちの目標はあくまで，駆動される振動物体を表す 2 階常微分方程式を解くことですが，その前に，頑張ってきた皆さんにいよいよご褒美です。

5.3
プレゼントコーナー
自励振動の不思議な世界

　わざわざ宇宙や原子の世界をのぞかなくても，私たちの身の周りでは多数の不思議な現象が起きています。たとえば，旗に一定の風を吹き付けてみましょう。旗がバタバタと振動を始めます。一定の力を加えている（入力している）のに，出力信号は振動です。不思議ですね。このような現象は他にもないでしょうか？

　探してみると意外にたくさん見つかります。黒板に長めのチョークを押し付けて斜め下方向に押すと，カタカタと振動が始まります。もっと簡単なのは爪でガラスを引っかくことでしょう。一定の力でガラスを掻いてもキーッと背筋がゾクッとするような音，つまり振動が発生します。音が発生するということは，ガラスと爪が振動していることを意味します。さらに，グラスの縁をぬれた指でこすっても音が聞こえます。同様に，バイオリンの弦を弓で引くと音色が響きます。実は，皆さんの発声機構も同じです。

　すべて，一定の入力が，振動に変化する現象です。これらの振動を**自励振動**とよびます。以下の例題で，バネに関する自励振動を調べてみましょう。ちょっとだけ難しそうです

が，そうでもありません。それどころか，ここまでやったことにとても似ているので驚きますよ。

\ナットク/ の例題 5-3

- **一定の入力から振動が生まれる？**
  （応用分野：科学・工学一般）

図 5-4 のように，ベルトコンベヤーの上に質量 m のおもりを置き，バネ定数 k のバネを水平に取り付けます。ベルトコンベヤーを矢印の方向に充分小さな速さ v で動かすとき，その速度 v に比例した摩擦力 F_r がおもりに働きます。つまり，$F_r = bv$ です（b は摩擦係数）。このときのおもりの動きを調べなさい。

図 5-4 ベルトコンベヤー上のバネ-おもり系

【 答え 】 おもりの変位を x とすると，おもりに働くバネの弾性力は $-kx$ です。おもりには同時に**乾性摩擦力（クーロ**

第 5 章 摩擦力と駆動力の不思議なコラボレーション

ン摩擦力）という，おもり（速度：$\frac{\mathrm{d}x}{\mathrm{d}t}$）とベルト（速度：$v_0$）の相対速度 v_r に依存する力も働きます。この摩擦力 F がおもりを右方向に動かすとき，$F = F_0 + F_\mathrm{r} = F_0 + bv_\mathrm{r} > 0$ と表されます。ここで，F_0 と b は定数で，おもりとベルトの相対速度は $v_\mathrm{r} = \frac{\mathrm{d}x}{\mathrm{d}t} - v_0$ です。すると，おもりの運動方程式は

$$m\frac{\mathrm{d}^2x}{\mathrm{d}t^2} = -kx + F_0 + bv_\mathrm{r} = -kx + F_0 + b\frac{\mathrm{d}x}{\mathrm{d}t} - bv_0$$

です。摩擦（抵抗）力が式 (5.7) と逆であるところがミソです。整理すると，

$$m\frac{\mathrm{d}^2x}{\mathrm{d}t^2} - b\frac{\mathrm{d}x}{\mathrm{d}t} + kx = F_0 - bv_0$$

となり，どこかで見たような式であることに気づきます。そう，ダンパー付きバネ振り子の式 (5.7) に第 2 項の符号以外はそっくりです。両辺を m で割ると，

$$\frac{\mathrm{d}^2x}{\mathrm{d}t^2} - B'\frac{\mathrm{d}x}{\mathrm{d}t} + \omega_0{}^2 x = F'$$

を得ます。ここで，$B' = b/m$，$F' = (F_0 - bv_0)/m$ です。v_0 というのはベルトが動く一定速度ですから，定数なのです。これは式 (5.7)′

$$\frac{\mathrm{d}^2x}{\mathrm{d}t^2} + B\frac{\mathrm{d}x}{\mathrm{d}t} + \omega_0{}^2 x = g \qquad (5.7)′ \text{ の再掲}$$

にやはりそっくりです。したがって，その解もすでに式 (5.13) として与えられています。ただ，式 (5.7)′ の B が $-B'$ に，g が F' に置換されています。それを考慮すると，

$$x = e^{\frac{B'}{2}t}\left\{Fe^{\frac{1}{2}\sqrt{(B')^2 - 4\omega_0{}^2}\,t}\right.$$

$$+ Ge^{-\frac{1}{2}\sqrt{(B')^2-4\omega_0{}^2}\,t}\Big\} + \frac{mF'}{k}$$

となり，よって，

$$x = e^{\frac{B'}{2}t}\left(Fe^{i\zeta\omega_0 t} + Ge^{-i\zeta\omega_0 t}\right) + \frac{mF'}{k} \quad (5.20)$$

(ζ はゼータと読むギリシャ文字です。ここでは $\zeta = \sqrt{1-\left(\frac{B'}{2\omega_0}\right)^2}$ とおきました）という，ベルトコンベヤー上のおもりの動きを表す解が導けました。この解の意味を味わってみましょう。

まず，第 1 項のカッコ内部の各項は，摩擦力とバネの弾性力の引っ張り合いのため，おもりが角振動数 $\sqrt{1-\left(\frac{B'}{2\omega_0}\right)^2}\,\omega_0$ で振動することを示します。これが「自励」振動の角振動数で，摩擦が小さいときはバネの固有振動数 ω_0 に近づきます。さらに，第 1 項の係数は，その振動の振幅が時間とともに指数関数的に増大することを表します。つまり，もし，ベルトの表面に付着したゴミなどのためにおもりがほんの少しでも動くと，その動きが瞬く間に増幅されるのです！　減衰振動の対極ですね。この増幅は b が正だからこそ起こるのです。

ただし，実験によると，ベルトコンベヤーの速さが増大するに従って，b がゼロになり，やがて負になりますので，自励振動は発生しません。ともあれ，これで，一定の入力から振動を発生できることがわかります。右辺第 2 項は単に，乾性摩擦力のためにおもりの振動の中心が右にずれることを表しています。これで，日常生活の不思議現象がかなり解明できましたね。

第 5 章 摩擦力と駆動力の不思議なコラボレーション

 ただし,風を受けて振動する旗は乱流現象に関連しており,この機構では説明できません。

同じ抵抗でも種類により,振動を減衰させて減衰振動にしたり,自励振動を介して定常入力から振動を作り出したりと,いろいろですね。

5.4
帝国の逆襲?

吊り下げられたバネ振り子(アップグレード)

さて,前節で学んだ自励振動から視点を戻すために,次のクイズを考えましょう。

 クイズ2 ニコラ・テスラという天才科学者がいました。彼の業績に人工地震装置というものがあるそうです。その小さな装置を建物に取り付けると,大きなビルでも揺れはじめ,やがて崩壊するといいます。どんな原理なのでしょう?

このクイズに答えるには,吊り下げたバネの式 (5.2) をさらに一般化する必要があります。

― \ナットク/ の例題 5-4 ―

● 周期力を加えると?

吊り下げられたバネのおもりに周期的な力 $F_0 \sin \omega t$ を加えて振動させます(具体的にどう工夫すれば,おも

りに周期的な力が加えられるでしょう？）。しかし，単なる単振動とは違い，ダンパーとよばれる抵抗器が並列に付いたバネなのです（図 5-2 と図 5-5 参照）。ダンパーはおもりに，その速度 v に比例した抵抗力 F_r を与えます。つまり，$F_\mathrm{r} = -bv$ です（b は抵抗係数）。このときのおもりの動きを調べなさい。

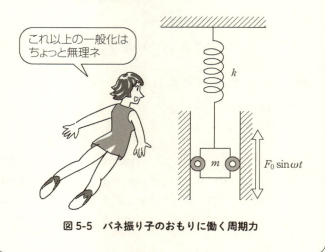

図 5-5 バネ振り子のおもりに働く周期力

【 答え 】単振動の微分方程式に抵抗を加え，一定の力の影響も組み込み，例題 5-3 でかなり式が一般化されました。今度は一定の力の代わりに周期力を加え，一般化はほぼ完全制覇といえる状態に近づきます。これは非常に重要な問題で，種々の応用例が溢れんばかりに存在します。たとえば，本節冒頭のクイズ 2 を解くには，まずこの問題を解かねばなりません。

第 5 章　摩擦力と駆動力の不思議なコラボレーション

抵抗力……円筒形容器の中に液体を満たしたダンパーは，抵抗を与える装置です。抵抗力は，速度が充分小さいときは速さに比例し，そうでないときは速さの 2 乗に比例しました。液体中をゆっくり運動する物体が受ける抵抗力は速さに比例し，空気中を運動する車や飛行機，そしてロケットなどの乗り物が受ける抵抗力は，速さの 2 乗に比例しましたね。

まず，おもりが受ける周期的な力 $F_0 \sin \omega t$ のためにバネが長さ x 縮み，おもりの速度が v になったとします。このとき，下向きをプラスとすると，おもりに働く他の力は，バネの復元力 $-kx$，抵抗力 $-bv$，重力 mg なので，これらを運動方程式に代入して

$$F = ma = -kx - bv + mg + F_0 \sin \omega t$$

となります。加速度と速度を微分形に直すと，今まででもっとも一般的な微分方程式が導かれます。

$$m \frac{\mathrm{d}^2 x}{\mathrm{d} t^2} + b \frac{\mathrm{d} x}{\mathrm{d} t} + kx - mg = F_0 \sin \omega t$$

なかなか複雑な式になりました。両辺を m で割ってちょっと簡単にしましょう。

$$\frac{\mathrm{d}^2 x}{\mathrm{d} t^2} + \frac{b}{m} \frac{\mathrm{d} x}{\mathrm{d} t} + \frac{k}{m} x = \frac{F_0}{m} \sin \omega t + g \tag{5.21}$$

もっと簡単にできないでしょうか？　ここで，$X = x + \frac{mg}{k}$ とおくと，式 (5.21) は次のように整理されます。

$$\frac{\mathrm{d}^2 X}{\mathrm{d} t^2} + B \frac{\mathrm{d} X}{\mathrm{d} t} + \omega_0{}^2 X = H \sin \omega t \tag{5.22}$$

ここで，$B = b/m$，$\omega_0{}^2 = k/m$，$H = F_0/m$ です。こざっ

ぱりした形になりました。見覚えがありますか？ 左辺は式 (5.9) と一致します。これでも壮観な 2 階線形非斉次微分方程式ですね。これこそ，章のはじめに掲げた，目標とする式に他なりません。あこがれの存在にやっと出会えました！ この式は，いろいろな分野に頻出する重要な微分方程式です。単調和振動が強制的に駆動されていますから，**強制振動**ともよばれます。右辺がゼロの場合を，強制振動に対して**自由振動**とよぶこともあります。ゆくゆくはこの一般的な微分方程式 (5.22) を見事に解いて，クイズ 2 の答えとします。

> 強制振動の応用は無数にありますが，身近なものでは自動車があげられます。自動車には「サスペンション」とよばれる装置が設置されていて，それはバネとダンパーからできています（図 5-6 参照）。サスペンション系のダンパー（ショックアブソーバー）は，その抵抗により，自動車がデコボコ道を走ると

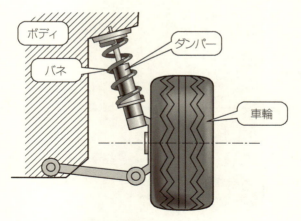

図 5-6 自動車のサスペンション

きに受ける強制振動による衝撃（shock）を吸収（absorb）します。このとき，自動車の振動は減衰振動になるように設計されています。

さあ，長らく夢見てきた強制振動の式 (5.22) を解き，クイズに答えるそのときは今です！　もう一度その式を書いてみましょう。

$$\frac{\mathrm{d}^2 X}{\mathrm{d}t^2} + B\frac{\mathrm{d}X}{\mathrm{d}t} + \omega_0{}^2 X = H \sin \omega t \tag{5.23}$$

先ほど解いたばかりの式 (5.7)′ の重力項が駆動項に置き換えられたように見えますが，この微分方程式は何を表すものでしょう？　もちろん，抵抗のある単振動体＝**単振り子**の位置を表します。しかし，右辺は単振り子がサイン関数的に変化する力によって駆動されていることを意味します。まるでブランコを誰かに押してもらっているように……。

特殊解の目星を付ける

さてこの式ですが，どうすれば解けるでしょう？　またまた「例のトリック」が使えますね。つまり，「斉次式 (5.9) の一般解 + 式 (5.23) の特殊解 = 式 (5.23) の一般解」です。斉次式の一般解は式 (5.13) で与えられますから，式 (5.23) の特殊解を見つけて足し合わせればよいのです。特殊解をどのように求めましょうか？

ここで注目すべきは，右辺のサイン関数です。これに配慮して，特殊解は以下のような形をしているのでは？　と目星を付けます。

$$X = C \sin \omega t + D \cos \omega t \tag{5.24}$$

これを t で微分します。

$$\frac{dX}{dt} = C\omega \cos\omega t - D\omega \sin\omega t$$

さらにもう一度微分しましょう。

$$\frac{d^2 X}{dt^2} = -C\omega^2 \sin\omega t - D\omega^2 \cos\omega t$$

そして,これらを式 (5.23) に一挙に代入すると,

$$\begin{aligned}
\text{左辺} &= \frac{d^2 X}{dt^2} + B\frac{dX}{dt} + \omega_0{}^2 X \\
&= -C\omega^2 \sin\omega t - D\omega^2 \cos\omega t + BC\omega \cos\omega t \\
&\quad - BD\omega \sin\omega t + C\omega_0{}^2 \sin\omega t + D\omega_0{}^2 \cos\omega t
\end{aligned}$$

を得ます。サイン関数とコサイン関数をまとめると,

$$\begin{aligned}
\text{左辺} &= \left(-C\omega^2 - BD\omega + C\omega_0{}^2\right) \sin\omega t \\
&\quad + \left(-D\omega^2 + BC\omega + D\omega_0{}^2\right) \cos\omega t
\end{aligned}$$

となります。これと微分方程式 (5.23) の右辺が等しいはずなので,C と D に関して整理すると,次の 2 元連立方程式が得られます。

$$\left(\omega_0{}^2 - \omega^2\right) C - B\omega D = H \tag{5.25}$$

$$B\omega C + \left(\omega_0{}^2 - \omega^2\right) D = 0 \tag{5.26}$$

両式を C と D について解いて式 (5.23) に代入すると,特殊解が求まります。まず,式 (5.26) から

$$D = -\frac{B\omega}{\omega_0{}^2 - \omega^2} C \tag{5.27}$$

第 5 章　摩擦力と駆動力の不思議なコラボレーション

となりますから，これを式 (5.25) に代入すると，

$$\left(\omega_0{}^2 - \omega^2\right) C + B\omega \frac{B\omega}{\omega_0{}^2 - \omega^2} C = H$$

が得られます。この左辺を通分し，C をくくり出しましょう。すると，

$$\frac{(B\omega)^2 + \left(\omega_0{}^2 - \omega^2\right)^2}{\omega_0{}^2 - \omega^2} C = H$$

を得ます。C について解くと，

$$C = \frac{H\left(\omega_0{}^2 - \omega^2\right)}{(B\omega)^2 + \left(\omega_0{}^2 - \omega^2\right)^2}$$

となります。さらにこれを式 (5.27) に代入して，D が導かれます。

$$\begin{aligned}D &= -\frac{B\omega}{\omega_0{}^2 - \omega^2}\left\{\frac{H\left(\omega_0{}^2 - \omega^2\right)}{(B\omega)^2 + \left(\omega_0{}^2 - \omega^2\right)^2}\right\} \\ &= -\frac{HB\omega}{(B\omega)^2 + \left(\omega_0{}^2 - \omega^2\right)^2}\end{aligned}$$

したがって，特殊解は，

$$\begin{aligned}X = {} & \frac{H\left(\omega_0{}^2 - \omega^2\right)}{(B\omega)^2 + \left(\omega_0{}^2 - \omega^2\right)^2} \sin\omega t \\ & - \frac{HB\omega}{(B\omega)^2 + \left(\omega_0{}^2 - \omega^2\right)^2} \cos\omega t\end{aligned} \tag{5.28}$$

と，かなり複雑なものになります。

特殊メイク？

この賑やかな特殊解 (5.28) ですが，もう少しなんとかならないものでしょうか？ 次のように変形してみましょう。

$$X = \frac{H}{\sqrt{(B\omega)^2+(\omega_0{}^2-\omega^2)^2}} \left\{ \frac{\omega_0{}^2-\omega^2}{\sqrt{(B\omega)^2+(\omega_0{}^2-\omega^2)^2}} \sin\omega t \right.$$

$$\left. - \frac{B\omega}{\sqrt{(B\omega)^2+(\omega_0{}^2-\omega^2)^2}} \cos\omega t \right\}$$

ますます複雑になりましたね（笑）！ 笑いごとではない？ そうでした。

ここで図を眺めてみると，面白いことに気付きます。図 5-7 の直角三角形の斜辺の長さは，上式の中カッコ内の式の分母に相当します。三角形の高さは $B\omega$ ですから，この三角形の斜辺が底辺となす角度 θ を使うと，$\sin\theta$, $\cos\theta$ はそれぞれ次のように表せます。

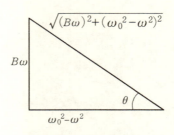

図 5-7　直角三角形

第 5 章 摩擦力と駆動力の不思議なコラボレーション

$$\sin\theta = \frac{B\omega}{\sqrt{(B\omega)^2 + (\omega_0{}^2 - \omega^2)^2}} \tag{5.29a}$$

$$\cos\theta = \frac{\omega_0{}^2 - \omega^2}{\sqrt{(B\omega)^2 + (\omega_0{}^2 - \omega^2)^2}} \tag{5.29b}$$

よって,この角度 θ を利用すると,特殊解は

$$X = \frac{H}{\sqrt{(B\omega)^2 + (\omega_0{}^2 - \omega^2)^2}} (\sin\omega t \cos\theta - \cos\omega t \sin\theta)$$

と,かなり簡略化できました。さらに,三角関数の公式

$$\sin(a - b) = \sin a \cos b - \cos a \sin b$$

を利用するとともに,$J = \sqrt{(B\omega)^2 + (\omega_0{}^2 - \omega^2)^2}$ とおくと,特殊解は

$$X = \frac{H}{J} \sin(\omega t - \theta) \tag{5.30}$$

と,ずいぶん短くなりました! お疲れさまでした。

強制振動の式 (5.23) の特殊解を求めるのにずいぶん長くかかりましたが,式 (5.30) に斉次式の一般解 (5.13) を足せば「例のトリック」の終了です! 求める一般解は,

$$X = e^{-\frac{B}{2}t} \left(Fe^{\frac{1}{2}\sqrt{B^2 - 4\omega_0{}^2}\,t} + Ge^{-\frac{1}{2}\sqrt{B^2 - 4\omega_0{}^2}\,t} \right) + \frac{H}{J} \sin(\omega t - \theta) \tag{5.31}$$

となります。これでもまだ,ちょっと込み入った解のように

見えますが，そうでもありません。事実，右辺の第1項と第2項は，5.2節の一般解 (5.13) と同じですから，抵抗 B の大きさによって，減衰振動や臨界減衰を示すはずですね。そしてやがて消滅し，式 (5.30) だけが残ります。

さて，ここではわざと重力の影響を変数 X に含めて消していますので，式 (5.13) の重力項の代わりに式 (5.30) で表される駆動項に対する応答（「強制振動項」とよびましょう）が入ったように見えます。駆動項がなければ，減衰振動や臨界減衰などがはっきりと見られるのですが，駆動項の影響はどんなものでしょうか？

うまく振動させるコツ

まず，強制振動項には指数関数が見当たらないため，この項は減衰しない定常的なものであることに気付きます。駆動される限り，いつまで経っても消えません！ さて，強制振動はブランコに似ていることにお気付きですね？ タイミングを計ることなく，むやみにブランコをこいでも押しても，うまく揺れません。タイミング（位相や周期，または振動数）が重要です。タイミングさえ合えばブランコの揺れがすぐに増大することは，皆さんもよくご存じのとおりです。

ここまでの話を聞くと，それではもっとも効率的な駆動振動数は何で，それはどのくらい有効か，という疑問が入道雲のようにモクモクと湧き起こりますね。式 (5.22) の右辺を見ると，おもりに最大 F_0 の力を与え，そのためフックの法則により $\pm x_0 = \pm F_0/k$ ほどバネを強制的に伸縮させた結果，振幅 X を得ています。よって，**振幅倍率（ゲイン，利得）**は X/x_0 です。式 (5.23) や式 (5.30) などから，それは，

第 5 章　摩擦力と駆動力の不思議なコラボレーション

$$\frac{X}{x_0} = \frac{X}{F_0/k} = \frac{\overbrace{(k/m)}^{\omega_0{}^2} X}{F_0/m} = \frac{\omega_0{}^2 X}{H} = \frac{\omega_0{}^2}{J}$$
　　　　フックの法則　　　H　　　　　　　H/X

$$= \frac{\omega_0{}^2}{\sqrt{(B\omega)^2 + (\omega_0{}^2 - \omega^2)^2}} \tag{5.32}$$

で与えられることがわかります。振幅倍率はもちろん強制振動の効率を表します。すなわち、駆動振動数が固有振動数にだいたい等しい（$\omega = \omega_0$）ときに倍率は最大値 $1/B$ をとります。そしてこの最大値は、抵抗 B が小さくなるにつれ無限大に発散していきます。ある振動数で振幅倍率が増大することを**共鳴**または**共振**とよびます。英語では "resonance"。これぞ求めてきた「新現象」で、式 (5.23) の真髄です。共鳴が起こる振動数を共鳴振動数（共鳴周波数）とよびますが、このときの共鳴振動数は B が小ならバネの固有振動数であることもわかります。振幅倍率の角振動数依存性（共鳴曲線）を図 5-8 に示したので、参考にしてください。抵抗が大きくなると、共鳴が存在しなくなることがわかります。

図 5-8 から、共鳴振動数が ω_0 と等しい（$\omega/\omega_0 = 1$）のは、B が小さいときだけに限られるように見えます。厳密な共鳴振動数は、X を ω で微分した関数がゼロになる振動数で与えられます。練習として計算してみてください。

抵抗が小さければ、駆動振動数 ω が共鳴振動数に等しいときに、そびえ立つような最大振幅を示すこの現象が、共鳴

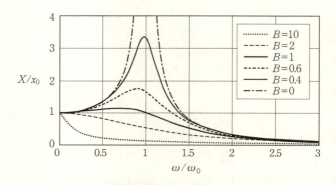

図 5-8　共鳴曲線：振幅の角振動数依存性と共鳴

または共振でした。ただし共鳴には幅があり，振動数が必ずしも共鳴振動数に一致しなくとも，振幅倍率がかなり大きくなることにも注意しましょう。ですから，ブランコを押すときも共鳴振動数にドンピシャリの正確無比な振動数で押す必要はありません。共鳴振動数に近いほど有効なのは確かですが，共鳴の幅の中に入る振動数ならブランコの揺れは増大します。共鳴は，振動が現れる現象に広く存在するとても重要な効果（一大事！）ですので，ぜひ記憶してくださいね。

 なぜ共鳴現象が重要なのでしょう？ 共鳴とはエネルギーの変換現象に他なりません。駆動項のエネルギーが振動子の振動エネルギーにもっとも効率的に移動する現象が共鳴です。共鳴を利用すればエネルギーを効率的に利用できるのです。また，共鳴を知らないと，コラム 5 で紹介するように，予期せぬところに想定外のエネルギーが移動して，困った結果を招くことにもなるのです。

第 5 章 摩擦力と駆動力の不思議なコラボレーション

 建物をその共鳴振動数で振幅 x_0 ほど振動させ続ければ，建物の揺れ x は増大します。これがニコラ・テスラの人工地震装置の原理だ，という説があります。

Column 5
共鳴（共振）が招いた一大事の例

橋を人や車が通過すると，橋が揺れます。人は一歩一歩足を地面に付け，踏み出しますから，周期的に橋に力を加えます。強制振動です。その力に対して橋も反応します。橋の共鳴振動数が人が歩くタイミングにほぼ一致すると，橋は徐々に揺れ始めます。人ひとりが歩くくらいでは大したことはありませんが，大勢が歩調をそろえて歩く場合，悪くすると橋が崩落する事故があり得るのです。冗談のように聞こえますか？ 現在の橋はそのような事故が起きないように設計されていますから大丈夫ですが，19 世紀の橋ではそのような事故が現実のものになりました。

歩調をそろえて歩いていた軍隊が，橋の崩落の犠牲になりました。このような事故は世界中で発生しました。1840 年前後に英国とインドで，1850 年にはフランスで。そして 1886 年にはオーストラリア（当時はイギリス領）で……。すべて，共鳴のために軍人の運動エネルギーが橋の振動エネルギーに変換されて起きた事故です。それ以後，各国の軍隊は，橋を渡るときだけは足並みをわざと乱して歩くようになりました。

強制振動に関する最後の疑問

状況はやや異なるものの、手にぶら下げた水風船を振動させるのも強制振動です。対話コーナーで紹介しましたように、手をゆっくりと上下に動かすときは風船は手とともに動きますが、手を速く振動させると風船はほとんど動きません。なぜでしょう？

そこで、式 (5.31) を眺めると、強制振動項は駆動項に対して位相が θ だけ遅れていることもわかります。これは風船（おもり）の慣性が原因です。風船でも何でも質量をもつものはすべて現状を維持することを好み、変化を嫌います。ですから、手（駆動項）の影響が、θ だけ遅れておもりである風船に現れます。

ところで、$\omega \to \infty$ の極限では、振幅がゼロになるので、効率的に駆動できません。なぜでしょう？ このとき、位相はどうなっているでしょう？ 式 (5.29) を再掲すると、

$$\sin\theta = \frac{B\omega}{\sqrt{(B\omega)^2 + (\omega_0{}^2 - \omega^2)^2}} \quad \text{(5.29a) の再掲}$$

$$\cos\theta = \frac{\omega_0{}^2 - \omega^2}{\sqrt{(B\omega)^2 + (\omega_0{}^2 - \omega^2)^2}} \quad \text{(5.29b) の再掲}$$

ですね。$\omega \to 0$ では (5.29b) より、$\cos\theta > 0$ となる一方、式 (5.29a) より $\sin\theta > 0$ なので、両者を満たす θ の範囲は $0 < \theta < \pi/2$ です（図 5-9 参照）。

共鳴時に駆動振動数 ω が固有振動数 ω_0 に近づき、それにつれて θ は $\pi/2 (\approx 1.57)$ を通過し、共鳴点を過ぎると今度は

第 5 章　摩擦力と駆動力の不思議なコラボレーション

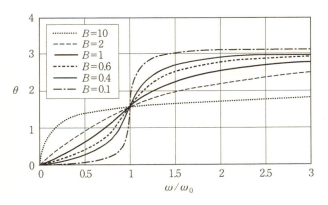

図 5-9　位相（単位ラジアン）の角振動数依存性が抵抗 B によって変動するようす

$\pi/2 < \theta < \pi$ の範囲に入りますね。ω が大きくなるにつれて θ も増大します。図 5-8 において，共鳴振動数以上では，おもりの揺れの向きは手の動きとは逆になります。

位相が遅れると手とおもりの動きが逆になる？……力の位相が 0 度のとき，おもりの位相が $\pi = 180$ 度だと，$\cos\omega t$ の力に対しておもりの動きは $\cos(\omega t - \pi)$ になります。たとえば $t = 0$ のとき，力は 1 ですが，おもりの動きは -1 となり逆向きです。このため，$\pi/2 < \theta < \pi$ であれば，おもりの動きが手と逆向きになります。

結局，手の振動数を上げると，おもりがその慣性のためにすばやい手の動きにますます追従できず，共鳴点を境におもりの動きが手と逆になるわけです。そのため，手を共鳴振動数よりもかなり速く動かすと，風船は揺れなくなります！

図 5-9 には,おもりの位相の変化が,抵抗力の減少につれて $\omega/\omega_0 \approx 1$ で急に顕著になるようすも示されています。

> 💡 水風船が揺れなくなることは,デコボコが密な道でも自動車が揺れないことに相当します。要するに,典型的なデコボコ道が発生する振動数 ω に対して,車の固有振動数が充分小さければ,車体はデコボコ道でも揺れないのです。デコボコ道の振動に車が共鳴したら最悪ですね! 自動車会社の設計マンたちは,このような条件にも配慮して自動車のサスペンションを設計しています。これはバネを利用した自動制御の一種です。これで,現代の乗り物が揺れない理由を座頭市さんにも納得していただけたことと思います。この問題に関するより詳しい解析は,のちほどご紹介します。

5.5
理想的な共鳴とは?

せっかくここまで強制振動の微分方程式を解いてきたので,ついでに特殊解まで求めて共鳴を調べましょう。とても面白いことがわかります。

\ナットク/ の例題 5-5

● 周期力を加えると?

図 5-5 のおもりで抵抗 B が無視できるとき,周期力の振動数を ω_0 に近づけると,x がどう増大するか調べなさい。

第 5 章　摩擦力と駆動力の不思議なコラボレーション

【　答え　】 $B = 0$ なので，式 (5.23) は，$\omega = \omega_0$ として

$$\frac{\mathrm{d}^2 x}{\mathrm{d} t^2} + \omega_0{}^2 x = H \sin \omega_0 t \tag{5.33}$$

となります。この式の一般解は，上式の斉次式の一般解に特殊解を加えたもの（例のトリック）なので，特殊解を探しましょう。突然ですが，$x = ct \cos \omega_0 t$ はどうでしょう？　その導関数は，

$$\frac{\mathrm{d} x}{\mathrm{d} t} = c \cos \omega_0 t - c \omega_0 t \sin \omega_0 t$$

$$\frac{\mathrm{d}^2 x}{\mathrm{d} t^2} = -c \omega_0 \sin \omega_0 t - c \omega_0 \sin \omega_0 t - c \omega_0{}^2 t \cos \omega_0 t$$

です。これらを式 (5.33) に代入してみると，

$$-2 c \omega_0 \sin \omega_0 t = H \sin \omega_0 t$$

となりますから，$c = -\frac{H}{2\omega_0}$ を得ます。これで特殊解がわかりました。よって，式 (5.33) の一般解は，

$$x = F \sin \omega_0 t + G \cos \omega_0 t - \frac{H}{2\omega_0} t \cos \omega_0 t \tag{5.34}$$

と書けます。F，G は定数です。初期条件を $t = 0$ で $x = 0$ とすると，$G = 0$ を得ます。さらに，$t = 0$ で $v = 0$ から，

$$v = \frac{\mathrm{d} x}{\mathrm{d} t}$$
$$= \omega_0 F \cos \omega_0 t - \frac{H}{2\omega_0} \cos \omega_0 t + \frac{H}{2} t \sin \omega_0 t = 0$$

したがって，$F = \frac{H}{2\omega_0{}^2}$ と超簡単になります！　よって，共鳴時の特殊解は，

$$x = \frac{H}{2\omega_0{}^2}(\sin\omega_0 t - \omega_0 t \cos\omega_0 t) \qquad (5.35)$$

です。第 2 項の振幅が t に比例して無限に増大し続けます（抵抗があるときには振幅はやがて飽和します）。この振る舞いを図示するためには，式 (5.35) を「無次元化」したほうが簡単です。

 無次元化とは，式中の変数の次元をなくす，つまり，単位をなくす処理のことです。変数と同じ単位をもつ量で割るか，逆の単位をもつ量をかけると，次元がなくなり（無次元になり）ます。以下をご参照ください。

時間は ω_0 をかけて無次元化できますが，長さはどのように無次元化できるでしょう？ フックの法則 $F = kx$ が利用できそうですね。バネの伸びは，たとえば $x = F/k$ で表されますから，この右辺（$F = F_0$ とします）で式 (5.35) の両辺を割ります。$H = F_0/m$（式 (5.22) の下部参照）も使って，

$$\begin{aligned}
\frac{kx}{F_0} &= \frac{kF_0}{2\omega_0{}^2 mF_0}(\sin\omega_0 t - \omega_0 t \cos\omega_0 t) \\
&= \frac{k}{2\omega_0{}^2 m}(\sin\omega_0 t - \omega_0 t \cos\omega_0 t) \\
&= \frac{1}{2}(\sin\omega_0 t - \omega_0 t \cos\omega_0 t)
\end{aligned}$$

これで，長さも時間も無次元化され，式がかなり簡単になりました。左辺を縦軸に，$\omega_0 t$ を横軸にプロットすると，図 5-10 の出来上がりです。なかなか美しい図ですね。

これらから，共振するおもりの位置 x はほぼ固有振動数で振動しながら，その振幅 $\omega_0 t/2$ は直線的に無限に増大するこ

第 5 章　摩擦力と駆動力の不思議なコラボレーション

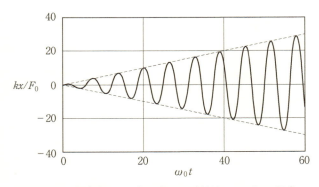

図 5-10　共鳴時の x の振る舞い：破線は $\pm\omega_0 t/2$ に相当

とがわかります（時間に比例した振幅増幅が共鳴の特徴の一つです）。式 (5.32) で表される振幅倍率，およびその下の解説と同結果です。このようにして，駆動エネルギーがバネの弾性エネルギー $kx^2/2$ とおもりの運動エネルギー $mv^2/2$ とに移動します。弾性エネルギーも，運動エネルギーや位置エネルギーとともに力学的エネルギーの一つです。エネルギーの効率的な移動，これが共鳴の特徴です。

　しかし実際のバネの場合，振幅が無限大になることは不可能です。振幅が大きくなると，フックの法則が成立しなくなりますから，微分方程式 (5.23) も厳密性を失います。バネには質量があり，おもりに加わる抵抗力も厳密にはゼロではありませんので，振幅はある有限値で飽和します。
　フックの法則（振幅と力が正比例する，つまり線形性です）が破れるということは，非線形項が重要になるということです。そんなときに成立する微分方程式は「ダフィング方程式」とよばれています。抵抗があるときに一般化すると，ダフィング方程式は

$$\frac{d^2x}{dt^2} + B\frac{dx}{dt} + \omega_0{}^2 x + Cx^3 = H\sin\omega t$$

で与えられます。ここで，C はバネの非線形性を表す定数です。

もっと自由を！

さてこれ以上，2 階微分方程式 (5.23) を一般化できないものでしょうか？

たとえば，式 (5.23) において，駆動項はどの時刻 t でも作用していますが，実際問題ではある時刻にスイッチを入れた後，別の時刻にスイッチを切るまで作用するわけです。このような場合，解はどうなるでしょう？ 実は，この種の一般化にも簡単に対処できる方法が存在します。まったくもって数学パワーはすごいですね。それについては第 7 章に述べますので，どうぞお楽しみに！

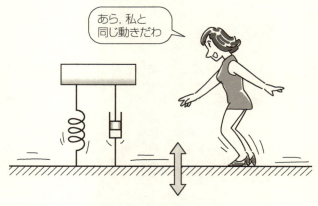

図 5-11 揺れる床の上に立つ人

第 5 章　摩擦力と駆動力の不思議なコラボレーション

図 5-11 のように，垂直に振動する床の上に人が立っています。この人の重心はどのように動くでしょうか？

地震計の原理を推測しましょう。

5.6
使える強制振動
人体，自動車，地震計まで

　読者の皆さんなら，前節の 2 つのクイズが似通っていることに気付かれたことでしょう。人体も地震計も，床や地面の揺れに対しては相似的に反応します。地震計は自らの揺れの大きさから地面の揺れを読みとる装置です。これら 2 種の揺れは原理的に等しいのか？　具体的に調べてみましょう。

＼ナットク／ の例題 5-6

- **応用を求めて**
　クイズ 3 を実際に解いてみましょう。

【　答え　】床の振動数が充分低いなら（1 秒間に 2 回以下！），人間はバネの上に載せられたおもりとして近似できます。しかし，単振動とは違って，ダンパーとよばれる抵抗器が並列に付いたバネです（図 5-12 参照）。この場合，おもり自体が

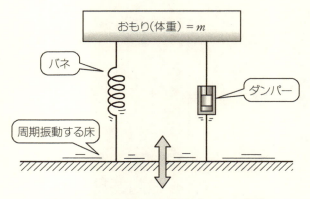

図 5-12　人体の「バネ−質点−ダンパー」模型

直接強制振動されるのではなく，床の振動により，おもりは間接的に振動します。

5.2 節で導入した抵抗のように，ダンパーはおもりに，その速度 v に比例した抵抗力 F_r を与えます。抵抗係数を b とすれば，$F_r = -bv$ です。そして，もちろんこのバネは床から垂直上方に取り付けられています。床の揺れの振幅と角振動数をそれぞれ r と ω とするとき，このバネの先端に付いたおもりの運動方程式を求めましょう。

もともと高さ h で静止していたおもりは，もともと高さ 0 で静止していた床が x_0 だけ垂直に変位した結果，平衡点から垂直に x だけ変位したとします。すると，バネの長さは平衡状態で h だったものが，$h+x-x_0$ になりますから，バネの伸縮である相対変位は，$x - x_0 = y$ と表せます。したがって，おもりにかかる力は

第 5 章　摩擦力と駆動力の不思議なコラボレーション

$$\text{バネによる弾性力} = -ky,$$
$$\text{ダンパーによる抵抗力} = F_\text{r} = -bv = -b\frac{\mathrm{d}y}{\mathrm{d}t}$$
$$= -b\frac{\mathrm{d}}{\mathrm{d}t}(x - x_0),$$
$$\text{重力} = -mg$$

ですが,変数の置き換えによって重力項は消去できるので,無視します。おもりの運動方程式は,以下のようになります。

$$m\frac{\mathrm{d}^2x}{\mathrm{d}t^2} = -b\frac{\mathrm{d}y}{\mathrm{d}t} - ky$$

簡単のため,右辺を左辺に移項し,運動方程式を相対変位 y で表します。

$$m\frac{\mathrm{d}^2y}{\mathrm{d}t^2} + m\frac{\mathrm{d}^2x_0}{\mathrm{d}t^2} + b\frac{\mathrm{d}y}{\mathrm{d}t} + ky = 0$$

> この置き換え $y = x - x_0$ は,この種の問題を簡単に解くための重要トリックです。このトリックに頼らず,変数 x を使い続けると,ちょっと悲惨なことになってしまいます。興味のある方は試してみては?

ここで,床の変位 $x_0 = r\sin\omega t$ を上式に代入しましょう。

$$m\frac{\mathrm{d}^2y}{\mathrm{d}t^2} + b\frac{\mathrm{d}y}{\mathrm{d}t} + ky = mr\omega^2 \sin\omega t \tag{5.36}$$

さらに m で両辺を割って整理します。

$$\frac{\mathrm{d}^2y}{\mathrm{d}t^2} + \frac{b}{m}\frac{\mathrm{d}y}{\mathrm{d}t} + {\omega_0}^2 y = r\omega^2 \sin\omega t$$

これは式 (5.23) と本質的に同じ強制振動の式です。すると，解も同じはずですね。式 (5.23) で $H = r\omega^2$ とすればよいのですから，解も式 (5.31) で同じように置換するだけで求められます。

この解こそ，先述したデコボコ道を走行する自動車や地震計にまでそのまま応用できる，多芸多才なものなのです。床の揺れはデコボコ道や地震の振動に通じるからです。もちろん人体にも応用できます。

5.7
自由自在に強制しよう？
RLC 直列回路への応用

強制振動が応用できるのはもちろんバネ-質点系だけではありません。強制振動には宇宙物理をはじめ，無数の応用先があります。章の最後を飾ってバネから離れ，別世界を探検しましょう。典型的な応用例を以下にご紹介します。

── \ナットク/ の例題 5-7 ──

● 電気回路での強制振動

図 5-13 のように交流電源に接続された RLC 回路があります。この回路に流れる電流を求めましょう。

第 5 章 摩擦力と駆動力の不思議なコラボレーション

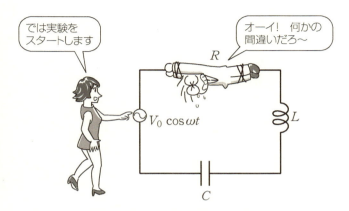

図 5-13 交流 RLC 回路（絶対にマネをしないように！）

【 答え 】 RLC 回路の直流電源バージョンはすでに 4.8 節で紹介しました。その微分積分方程式は式 (4.38)，または同じ意味の式 (5.8) でした。再び書きましょう。

$$RI + L\frac{dI}{dt} + \frac{1}{C}\int_0^t I dt' = V_0 \qquad (5.37)$$

これは，電流 I に関する微分積分方程式です。交流電源に置き換えると，微分積分方程式 (5.37) の右辺を置き換えて次のようになります。

$$RI + L\frac{dI}{dt} + \frac{1}{C}\int_0^t I dt' = V_0 \cos\omega t \qquad (5.38)$$

積分形を消去するために，両辺をさらに t で微分しましょう。

$$R\frac{dI}{dt} + L\frac{d^2I}{dt^2} + \frac{1}{C}I = -\omega V_0 \sin\omega t$$

いよいよ本章の目標である強制振動項を持つ非斉次形微分方程式が登場しました！ 並べ替えて，両辺を L で割ると，次のようになります。

$$\frac{\mathrm{d}^2 I}{\mathrm{d}t^2} + \frac{R}{L}\frac{\mathrm{d}I}{\mathrm{d}t} + \omega_0{}^2 I = -\frac{\omega V_0}{L}\sin\omega t \tag{5.39}$$

ここで，$\omega_0{}^2 = \frac{1}{LC}$ です。強制振動の式 (5.23) と同形になりました。

式が同じなら，答えも同じですね？ 式 (5.23) の一般解は式 (5.31)

$$X = e^{-\frac{B}{2}t}\left\{Fe^{\sqrt{\left(\frac{B}{2}\right)^2-\omega_0{}^2}\,t} + Ge^{-\sqrt{\left(\frac{B}{2}\right)^2-\omega_0{}^2}\,t}\right\}$$
$$+ \frac{H}{J}\sin(\omega t - \theta)$$

です。ここで，

$$\cos\theta = \frac{\omega_0{}^2 - \omega^2}{\sqrt{(B\omega)^2 + (\omega_0{}^2 - \omega^2)^2}},$$
$$J = \sqrt{(B\omega)^2 + (\omega_0{}^2 - \omega^2)^2}$$

ですから，$B = R/L$, $H = -\omega V_0/L$ と置き換えると，一般解

$$I = e^{-\frac{R}{2L}t}\left\{Fe^{\sqrt{\left(\frac{R}{2L}\right)^2-\omega_0{}^2}\,t} + Ge^{-\sqrt{\left(\frac{R}{2L}\right)^2-\omega_0{}^2}\,t}\right\}$$
$$- \frac{\omega V_0}{LJ}\sin(\omega t - \theta)$$

$$\tag{5.40}$$

を得ます。$\cos\theta$, J においても同様です。

第 5 章　摩擦力と駆動力の不思議なコラボレーション

式 (5.40) の右辺第 1 項はやがて減衰してゼロになります（過渡現象）が，第 2 項の強制項は生き残ります。そして抵抗値が充分小であれば，強制項の振動数が共鳴振動数 $\omega_0 = \frac{1}{\sqrt{LC}}$ 付近で共鳴し，回路を流れる電流 I が増大します。このようにして，電気エネルギーを交流電源から回路に効率的に移動させることができるのです。

要点チェック

2 階の非斉次形微分方程式

$$Ay'' + By' + Cy = F(t)$$

の解は，さまざまな力 $F(t)$ の影響下にある振動子の運動を表します。その代表例が，強制振動とその効果である共振（共鳴）です。

答え

【クイズ 1】の答え　読み進めてください。
【クイズ 2】の答え　建物の共鳴振動数を求め，それに近い振動で共鳴させます。
【クイズ 3】の答え　例題 5-6 参照。
【クイズ 4】の答え　例題 5-6 参照。

第 6 章

天の助け！
超簡単秘技を伝授

～ラプラス変換～

目標 —— 2 階の非斉次形（定係数）微分方程式

$$Ay'' + By' + Cy = F(t)$$

などを，駆動項 $F(t)$ が任意の $t = t_0$ でオンになる場合でも解けるようになりましょう。ただし $F(t)$ はインパルス関数，単位関数などの特殊関数です。

学生「先生,第5章でもあれだけ難しかったのに,第6章だともっと複雑になるのでしょう? 難しいのはもう勘弁してください!」

先生「有名な徳川家康公の遺訓は次のように始まります。

　　人の一生は重荷を負いて,遠き道をゆくが如し。
　　急ぐべからず。不自由を常と思えば不足なし。……

このように人生もそうですから,学問の道も険しく難しいのが当たり前なのですが,皆さんもいつまでも重荷を背負うのは大変でしょうから,簡単でとてもパワフルなトリックを学びましょう,というのが本章のポイントです」

学生「先生,それって本当ですかァ? どうも信じられないなァ」

先生「ちょっと君,この章のタイトルを読んでいないようですね。声に出して読んでみなさい」

学生「エーッ? どれどれ。『天の助け? 超簡単?』本当かいな? ラプラス変換って,名前からして難しそうじゃないですか」

先生「こちらがラプラス変換の産みの親,フランスの数学者ピエール・シモン・ラプラス(1749～1827)の肖像です」

学生「ワーッ,名前だけじゃなくて顔まで難しそう!」

先生「難しいのは名前だけだから心配無用です。表情も眼もとや口もとは優しそうですね? ラプ

ラプラス

(alamy/PPS 通信社)

第 6 章　天の助け！　超簡単秘技を伝授

> ラス変換が簡単なのは，晴れた空が青いくらい本当だから，ちょっとだけ我慢して授業を聴いてください。ラプラス変換は電気・電子工学，機械工学，制御工学や物理学など広範な分野で活用されています。これが最後の章となるかもしれませんからできるだけ楽しんでね！」
> **学生**「ハーイ。わかりました。期待してます」

6.1
ホワイトハウスを通り抜ける方法？

　世界で最も警備が厳重な場所はどこでしょう？　それは，おそらくアメリカ合衆国大統領の執務室と住居があるホワイトハウスでしょう。ホワイトハウスは高い鉄柵に囲まれ，内外に配置された武装警備員たちが常に厳戒態勢をとっています。今あなたは，そのホワイトハウスの正面，鉄柵の外に立っていると思ってください。そして突如，ホワイトハウスの裏側にある店で，とても重要な買い物をする用を思い出しました。できるだけ早く確実にそこにたどり着き，買い物をしなければなりません。さて，どうしましょう？　目の前の柵をよじ登り，ホワイトハウスの敷地を突っ切りますか？　それなら最短距離を通るので，警備員さえいなければ確かに最速でしょうけれど，通常は警備員の標的になるでしょうから非常に危険ですね。

棚からボタモチの打開策

しかし，ちょっとした発想の転換により，誰でもできる簡単で確実な方法が存在します。それはもちろん，図 6-1 のように，ホワイトハウスの敷地を回りこむことです。

もっとも，簡単に回りこむにはホップ，ステップ，ジャンプの 3 段階が必要です。左右どちらでもいいのですが，とりあえずホワイトハウスを正面に見て右方向に直進します（ホップ）。そして直角に左折し，また直進します（ステップ）。最後にまた左折して，直進すると難なく目的の店にたどり着けるのです（ジャンプ）。ホワイトハウスの正面から厳重な警備網を突破して，裏のお店に行くことはほぼ不可能ですが，このように「急がば回れ」の 3 段階で回りこむ方法は，とてもやさしく安全です。同じように便利な方法が，複雑な微分

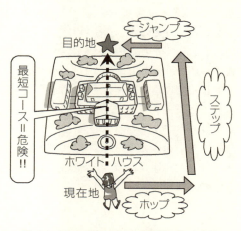

図 6-1　ホワイトハウスの裏側へ行く方法

第 6 章　天の助け！　超簡単秘技を伝授

方程式を解く際にも利用できるのです。

　その便利な「急がば回れ」の方法を学ぶ前に，前章でどんな問題を解いたか思い出しましょう。そこでは要するに，微分方程式で表される系に，刺激 $F(t)$ を連続的に加えた場合，系がどのように反応するかを調べました。しかし実際問題では，刺激 $F(t)$ が無限に連続することはなく，始めも終わりもある場合がほとんどです。たとえば，RLC 回路に直流電源を接続した後，スイッチを入れて通電しますが，スイッチを入れる前はもちろん入力がありません。このように，単純な直流電源からの入力でさえ時間に依存するのです。

　時間 t に依存する入力 $F(t)$ に対する系の応答を調べるのは，さまざまな分野において重要な課題です。その際に特に有効で，しかもやさしい方法が，これから学ぶ**ラプラス変換**です。頼もしく便利そうですね。

ラプラス変換は，簡単な上にあまりにも便利です。そのためにいろいろな分野で活用されていて，各種の資格試験にも頻出します。たとえば，ビルや工場の電気工事や電気設備の維持管理のために有用な資格である「電気主任技術者試験」にも，ラプラス変換を利用して微分方程式を解く問題がよく出題されます。

6.2
ホップ・ステップ・ジャンプ
3 段階のラプラス変換

　名前だけ聞くとちょっとだけ難しそうなラプラス変換です

が，どうぞご心配なく。単純な機械のように，すべてホップ，ステップ，ジャンプでやさしく処理できるからです。ホワイトハウスでの体験（？）を思い出しましょう。あのくらいなら，目隠しされてもできそうですね。ただ単に，

「右行って！」（ホップ）
「左折して直進！」（ステップ）
「また左折して直進！」（ジャンプ）

の指示さえ守れば，目的地にたどり着けます。ラプラス変換も同様です。ラプラス先生を信じ，簡単な3つの指示どおりに進みさえすれば，微分方程式が解けてしまうのです。さて，その指示とはなんでしょうか？

ラプラス変換による解法

ラプラス変換で微分方程式を解く方法は，たったこれだけです。

> ホップ：変換表6-1に従って，左側から右側へ微分
> 　　　　方程式を書き換えて代数方程式にする（これ
> 　　　　がラプラス変換。矢印 $\Rightarrow$ で表します）。
> ステップ：代数方程式を解く。
> ジャンプ：表6-1に従って，右側から左側へ式を書き
> 　　　　換える（ラプラス逆変換。矢印 $\mapsto$ で表しま
> 　　　　す）。これが解！

実に簡単そうですね。ラプラス変換すると，t の関数が s の関数になり，変数 t の世界から変数 s の世界（s ワール

表6-1 ラプラス変換表

もとの関数	ラプラス変換	
$f(t)$	$F(s)$	①
$f'(t)$	$sF(s) - f(0)$	②
$f''(t)$	$s^2 F(s) - sf(0) - f'(0)$	③
1	$\dfrac{1}{s}$	④
t	$\dfrac{1}{s^2}$	⑤
t^n	$\dfrac{n!}{s^{n+1}}$	⑥
$e^{\alpha t}$	$\dfrac{1}{s-\alpha}$	⑦
$t^n e^{\alpha t}$	$\dfrac{n!}{(s-\alpha)^{n+1}}$	⑧
$\sin \omega t$	$\dfrac{\omega}{s^2 + \omega^2}$	⑨
$\cos \omega t$	$\dfrac{s}{s^2 + \omega^2}$	⑩
$e^{-\alpha t} \sin \omega t$	$\dfrac{\omega}{(s+\alpha)^2 + \omega^2}$	⑪
$e^{-\alpha t} \cos \omega t$	$\dfrac{s+\alpha}{(s+\alpha)^2 + \omega^2}$	⑫
$\dfrac{1}{\omega} e^{-\alpha t} \sinh \omega t$	$\dfrac{1}{(s+\alpha)^2 - \omega^2}$	⑬
$\dfrac{1}{\omega} e^{-\alpha t} \sin \omega t$	$\dfrac{1}{s^2 + 2\alpha s + c}$ $(c = \alpha^2 + \omega^2)$	⑭
$\delta(t)$ （デルタ関数）	1	⑮
$\Theta(t)$ （ステップ関数）	$\dfrac{1}{s}$	⑯
$\int_0^t f(t')\,dt'$	$\dfrac{F(s)}{s}$	⑰

ド!)に移行します。念のためにたくさん書きましたが,全部使うわけでもありませんので,ご心配なく。

ラプラス変換とは何か,もっと詳しく知りたい方,または表 6-1 の原理を知りたい方は,6.6 節のラプラス変換の説明をお読みください。そうでない方はこのまま読み進めましょう。

ラプラス変換の見当を付けるために,第 4 章の超簡単例題 4-2 を本章の最初の例題として解きましょう。

6.3
心配ご無用,はじめてのラプラス変換

＼ナットク／の例題 6-1

● 自由落下への応用

空中で重力により下方に引っ張られる質量 m の物体について考えましょう(自由落下)。この物体を $t=0$ で $y(0) = y_0$ から,初速 0 で落下させるとき,t 秒後の速度を求めなさい。ただし,空気抵抗は無視できるものとします。

【 答え 】この物体の高さ y を表す微分方程式は,運動方程式の両辺を質量 m で割ったもの,

$$\frac{\mathrm{d}^2 y}{\mathrm{d}t^2} = -g \tag{6.1}$$

でしたね。まず,初期条件から $t=0$ で $y(0) = y_0$ であり,

第 6 章 天の助け！ 超簡単秘技を伝授

さらに初速がゼロなので，$y'(0) = 0$ であることを確認しておきます。いよいよ式 (6.1) の両辺を，表 6-1 を利用してラプラス変換します。

 はて，最初から困った。せっかく変換表を見ても y が見当たりません！ いえ，困らなくともよいのです。表 6-1 の $f(t)$ とは，任意の関数を表します。それをラプラス変換すると，式①の $F(s)$ になるという意味です。ですから，$y(t)$ をラプラス変換すると $Y(s)$ になるだけです。このようにして表を利用します。

まず式 (6.1) の左辺から，表の式③を利用して，s ワールドへと向かいます。

$$\frac{\mathrm{d}^2 y}{\mathrm{d}t^2} \Rightarrow s^2 Y(s) - sy(0) - y'(0) = s^2 Y(s) - sy_0$$

ここで，初期条件 $y(0) = y_0$ と $y'(0) = 0$ を両方とも利用しました。次に式 (6.1) の右辺は $-g \times 1$ と書けますから，変換表の式④より，

$$-g \times 1 \Rightarrow -g \times \frac{1}{s}$$

となります。左辺と右辺を組み合わせると，式 (6.1) のラプラス変換が完成です。

$$s^2 Y(s) - sy_0 = -\frac{g}{s} \tag{6.2}$$

これでもう「ホップ」の終了です。ようこそ，s ワールドへ！

 代数方程式 (6.2) を $Y(s)$ について解きます。

左辺第 2 項を右辺に移項して,

$$s^2 Y(s) = sy_0 - \frac{g}{s}$$

となります。両辺を s^2 で割ると, 解が求められます。

$$Y(s) = \frac{y_0}{s} - \frac{g}{s^3} \tag{6.3}$$

これでもう「ステップ」の終了です。まさに超簡単!

ジャンプ すでに最終段階です。式 (6.3) をラプラス「逆変換」しましょう。まず左辺は

$$Y(s) \mapsto y(t)$$

と簡単に戻ります。右辺の第 1 項は, 表の式④を(右から左へ)逆変換して,

$$\frac{y_0}{s} = y_0 \frac{1}{s} \mapsto y_0$$

となります。右辺第 2 項は, 表の式⑥で $n = 2$ の場合ですから,

$$-\frac{g}{s^3} = -g \frac{1}{s^3} \mapsto -\frac{g}{2} t^2$$

が導かれます。まとめると,

$$y(t) = -\frac{1}{2} g t^2 + y_0 \tag{6.4}$$

が求める解となります。ただし, $t \geq 0$ です。

式 (6.4) は例題 4-2 の解である式 (4.5) と瓜二つですね。このように, 積分することなく微分方程式が解けました。複雑な微分方程式になるほど, ラプラス変換はその威力を増

第 6 章 天の助け！ 超簡単秘技を伝授

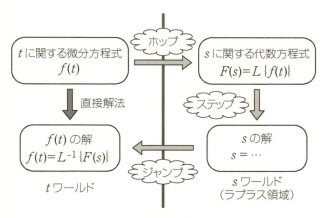

図 6-2 ラプラス変換による解法

大しますから，これほど頼もしい味方もありません。図 6-2 に，ラプラス変換による微分方程式の解法のイメージを示しました。ここで，L はラプラス変換を，L^{-1} はラプラス逆変換を表します。

6.4
電光石火だ！ どうしましょう？
バネ振り子の場合

第 5 章では，さまざまな「刺激」に対する系の応答を調べました。重力の影響下でバネを押し上げたときのバネの反応や，RLC 回路に交流電圧を印加したときの反応などです。しかし，刺激が時間変化するケースは他にもあります。極端

な例は，ある時刻に電源スイッチを入れるときです。たとえば，$t<0$ で，印加電圧がゼロだったのに，$t>0$ では有限になります（これについては例題 6-3 で学びます）。

また，ある時刻に瞬間的な刺激を加えることも可能です。たとえば地震がそうですね。地震は震源ではほぼ瞬間的に発生し終了します。このような電光石火，瞬時に起こって瞬時に終わる刺激を**インパルス**とよびます。

ラプラス変換のすごさと便利さを両方体感するため，まず手始めにインパルス入力に対するバネ–質点–ダンパー系の応答を求めてみましょう。これは，すでにかなり高級な問題です。

── \ナットク/ の例題 6-2 ──

● 衝撃力への反応

図 6-3 のような，摩擦のない水平面上にバネに付いたおもりが置かれています。時刻 $t=0$ に指でおもりを水平に，バネが短くなる向きに充分強くはじきました。その後のおもりの運動を予測しなさい。

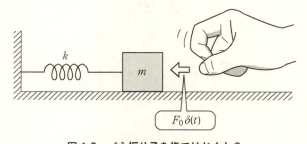

図 6-3　バネ振り子を指ではじくと？

第 6 章 天の助け！ 超簡単秘技を伝授

【 答え 】時刻 $t = t_0$ に瞬間的に働く力 F は，記号 F_0 と**デルタ関数** δ および共振振動数 ω_0 を使って次のように表されるとします。

$$F = \frac{F_0}{\omega_0} \delta(t - t_0)$$

右辺分母の ω_0 はデルタ関数の次元を調整するために必要です。デルタ関数 $\delta(t - t_0)$ は振動数の次元をもち，$t = t_0$ のときに無限大になり，それ以外では 0 になります（図 6-4 参照）。つまり，

$$\delta(t - t_0) = \begin{cases} \infty & (t = t_0) \\ 0 & (t \neq t_0) \end{cases}$$

一見，奇妙な関数ですが，次の例題に出てくるステップ関数とともに重要です。自動制御や物理の分野でもよく使われます。しかし，そもそも無限大の力なんてあるのでしょう

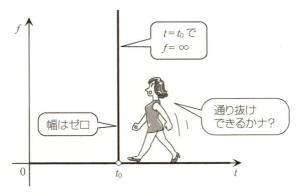

図 6-4 デルタ関数 ($f = \delta(t - t_0)$)

か？ デルタ関数は幅が無限小なので，その面積である「高さ×横幅（時間幅）」が，「無限大×無限小＝定数」となり，全体的には有限に収まるのです。すると，おもりの運動方程式は抵抗を考慮し，前章の 5.4 節を参考にして，$t_0 = 0$ のとき

$$m\frac{\mathrm{d}^2 x}{\mathrm{d}t^2} + b\frac{\mathrm{d}x}{\mathrm{d}t} + kx = \frac{F_0}{\omega_0}\delta(t)$$

という強制振動の微分方程式に変換されます。ここで，$x = x(t) = $ おもりの変位 です。両辺を m で割り，前章で利用した係数の書き換えを行うと

$$\frac{\mathrm{d}^2 x}{\mathrm{d}t^2} + B\frac{\mathrm{d}x}{\mathrm{d}t} + \omega_0{}^2 x = \frac{F_0}{m\omega_0}\delta(t) \tag{6.5}$$

なる微分方程式を得ますので，これをラプラス変換で解けばよいわけです。

ホップ まず，左辺の各項をラプラス変換しましょう。第 1 項は，

$$\frac{\mathrm{d}^2 x}{\mathrm{d}t^2} \Rightarrow s^2 X(s) - sx(0) - x'(0) = s^2 X(s)$$

ここで，はじかれる直前まで，おもりが $x(0) = 0$ で静止しており，はじかれた瞬間も速度は $x'(0) = v_0 = 0$ という事実を利用しました。第 2 項，第 3 項のラプラス変換はそれぞれ以下のとおりです。

$$B\frac{\mathrm{d}x}{\mathrm{d}t} \Rightarrow BsX(s) - Bx(0) = BsX(s)$$
$$\omega_0{}^2 x \Rightarrow \omega_0{}^2 X(s)$$

第 6 章　天の助け！ 超簡単秘技を伝授

　これらをまとめると，式 (6.5) の左辺は次のようにラプラス変換されます。

$$s^2 X(s) + Bs X(s) + \omega_0{}^2 X(s) \tag{6.6}$$

　そして，右辺をラプラス変換すると，変換表の式⑮より，

$$\frac{F_0}{m\omega_0} \delta(t) \Rightarrow \frac{F_0}{m\omega_0}$$

を得るので，両辺が等しいことから，

$$s^2 X(s) + Bs X(s) + \omega_0{}^2 X(s) = \frac{F_0}{m\omega_0} \tag{6.7}$$

という代数方程式が導かれます。「ホップ」の終了です。

ステップ　ここでは，式 (6.7) を $X(s)$ について解くだけですから簡単です。解は

$$X(s) = \frac{F_0}{m\omega_0} \frac{1}{s^2 + Bs + \omega_0{}^2}$$

となります。

ジャンプ　さて，もう最終段階のラプラス逆変換。上の $X(s)$ を逆変換したいのですが，表を見ると，式⑭が $X(s)$ によく似ていることがわかります。そこで，$2\alpha = B$, $c = \alpha^2 + \omega^2 = \omega_0{}^2$ と置いて α と ω を求めます。

$$X(s) = \frac{F_0}{m\omega_0} \frac{1}{s^2 + Bs + \omega_0{}^2}$$

$$\mapsto x(t) = \frac{F_0}{m\omega_0} e^{-\frac{B}{2}t} \frac{\sin\left\{\sqrt{\omega_0{}^2 - (B/2)^2}\, t\right\}}{\sqrt{\omega_0{}^2 - (B/2)^2}}$$

ここで，抵抗が充分小さいため，ルートの中は正であると仮定しました。そう仮定できないときは，場合分けする必要があります。それについては次の例題を参照してください。とにかくこのようにして，微分方程式 (6.5) の解が導かれました。周波数 ω_0 を平方根の外に出しましょう。

$$x(t) = \frac{F_0}{k} e^{-\frac{B}{2}t} \frac{\sin\left\{\sqrt{1-(B/2\omega_0)^2}\omega_0 t\right\}}{\sqrt{1-(B/2\omega_0)^2}}$$

(6.8)

　ここで，$\omega_0{}^2 = k/m$ を利用しました。指数部から，おもりのインパルス力への応答は減衰振動であることがわかります。抵抗が無視できる場合（$B = 0$）は，バネの固有周波数 ω_0 での振動が持続します。通常の方法ではかなり困難なこの種の問題も，天の助けのおかげでたちどころに解けてしまいました。ラプラス先生に感謝したいところです。さて，式 (6.8) を図示するために，式を無次元化してみましょう。

　式 (6.8) の両辺を無次元化することにより，式は次のように簡単に書き直せます。

$$\frac{kx(t)}{F_0} = \frac{x(t)}{x_0} = e^{-\frac{B}{2\omega_0}\omega_0 t} \frac{\sin\left\{\sqrt{1-(B/2\omega_0)^2}\omega_0 t\right\}}{\sqrt{1-(B/2\omega_0)^2}}$$

(6.9)

第 6 章 天の助け！ 超簡単秘技を伝授

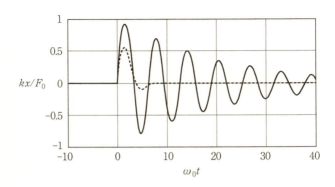

図 6-5 バネのインパルス力への反応

 式 (6.9) の左辺と右辺は，式 (6.8) の左辺と右辺をそれぞれ F_0/k で割ったものです。バネを力 F_0 で引っ張った（縮めた）ときの伸び縮みの長さを x_0 とすれば，フックの法則から $x_0 = F_0/k$ が成り立つので，式 (6.9) の左辺と中辺が等しいことがわかります。この中辺から無次元化されていることが明らかですね。

こう書くと，たとえば，左辺の分母も分子も力ですから，各単位は打ち消しあいます。右辺の $\omega_0 t$ も無次元です。式 (6.9) の $B/\omega_0 = 0.1$（実線），1（破線）の場合を図示したものが図 6-5 です。抵抗が大きいほど振動がすぐに減衰することが見て取れます。

 この系は $\frac{B}{\omega_0} = 2$ のときに臨界減衰を示します。

ところで，雷雨のさなかに電気製品が被雷したときも，こ

のようなインパルス電圧を受けますが、そんなときの応答も同様にして計算できそうですね。

6.5
巨大隕石の下敷きだ!?
RLC回路に突然直流電源を入れる

あるシステムをいったんスタートさせると、先の例題のようにすぐには停止できません。ここでは、インパルス刺激ではない、ステップ（階段）的な刺激に対する回路の応答を考えます。

\ナットク/ の例題 6-3

- **回路のスイッチオン**

RLC 回路についてはかなり学習しましたが、それに直列に挿入された直流電源（電圧 V_0）のスイッチを時刻 $t=0$ に突然入れると、回路内の電流 i は、どのように反応するでしょうか？ ただし、$t=0$ で電流 $i=0$、$\frac{\mathrm{d}i}{\mathrm{d}t}=0$ とします。

 ところでこの例題は、力学的には頭上から巨大隕石に直撃されるケースに似ています。それまで、気圧以外はゼロだった圧力が、突如として大きなものに変化するのですから。

【 答え 】このとき参考になるのが、もちろん例題 4-8 です。

この回路の微分方程式は式 (4.38) から

$$Ri + L\frac{di}{dt} + \frac{1}{C}\int_0^t i dt' = V_0$$

になると言いたいところですが，右辺に関し，時間 $t = t_0$ でスイッチが入る場合，**ステップ関数**とよばれる関数を利用して，書き直す必要があります。ステップ関数は次のように定義されます。

> ステップ関数：単位関数，階段関数，またはヘビサイド関数ともよばれる（図6-6）。
> $$\Theta(t - t_0) = \begin{cases} 0 & (t < t_0) \\ \dfrac{1}{2} & (t = t_0) \\ 1 & (t > t_0) \end{cases}$$

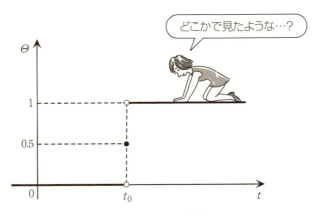

図 6-6 ステップ関数

$$Ri + L\frac{\mathrm{d}i}{\mathrm{d}t} + \frac{1}{C}\int_0^t i\mathrm{d}t' = V_0 \Theta(t)$$

これは積分を含む微分積分方程式ですから,さらに両辺を t で微分して,<u>ステップ関数の微分がデルタ関数になること</u>を利用すれば,

$$L\frac{\mathrm{d}^2 i}{\mathrm{d}t^2} + R\frac{\mathrm{d}i}{\mathrm{d}t} + \frac{i}{C} = V_0 \delta(t)$$

が得られます。両辺を L で割ると,

$$\frac{\mathrm{d}^2 i}{\mathrm{d}t^2} + \frac{R}{L}\frac{\mathrm{d}i}{\mathrm{d}t} + \frac{i}{LC} = \frac{V_0}{L}\delta(t) \tag{6.10}$$

となり,先ほど解いた,はじかれたおもりの微分方程式 (6.5) に似てきました。「式が同じなら答えも同じ」ですから,この RLC 回路でバネのシミュレーションができるわけです！ RLC 回路を流れる電流がバネのおもりの変位に対応するからです。

とにかくこのような微分方程式は通常の方法では手ごわいのです。そこで,待ってました！ 天の助け,ラプラス変換の登場です。式 (6.10) を解くには,$\frac{R}{L} = B$, $\frac{1}{LC} = \omega_0{}^2$ と置くと,式 (6.5) の左辺がそのまま利用できます。

> 微分積分方程式を解くには,いつも微分して積分を消す必要はありません。ラプラス変換表の式⑰を利用すれば,簡単にラプラス変換できますからね。

ホップ 式 (6.6) より,式 (6.10) の左辺のラプラス変換は以下のようになります。

第 6 章 天の助け！超簡単秘技を伝授

$$s^2 I(s) + Bs I(s) + \omega_0^2 I(s)$$

他方，右辺は変換表の式⑮より，次の式を得られます。

$$\frac{V_0}{L} \delta(t) \Rightarrow \frac{V_0}{L}$$

ステップ これらをまとめ，$I(s)$ について解くと，次の代数方程式を得ます。

$$I(s) = \frac{V_0}{L} \frac{1}{s^2 + Bs + \omega_0^2} \tag{6.11}$$

これが s ワールドにおける解 $I(s)$ の姿です。あくまで仮の姿ですけれど。

ジャンプ あとは上式をラプラス逆変換するのみです。表 6-1 から，$B = 2\alpha$，$c = \alpha^2 + \omega^2 = \omega_0^2$ なので，

$$\omega^2 = \omega_0^2 - \frac{B^2}{4} = \frac{1}{LC} - \frac{R^2}{4L^2}$$

と置き，解に一般性をもたせるために，<u>(i) $\omega^2 > 0$</u>，<u>(ii) $\omega^2 = 0$</u>，<u>(iii) $\omega^2 < 0$</u> の 3 つの場合に分けて解きます。

(i) $\omega^2 > 0$ のとき

表 6-1 の式⑭から

$$i(t) = \frac{V_0}{L} \frac{1}{\omega} e^{-\frac{B}{2}t} \sin \omega t$$

これは，おなじみの減衰振動です（図 6-7 の実線を参照）。抵抗 B が比較的弱いため，電流が振動する時間があるのです。

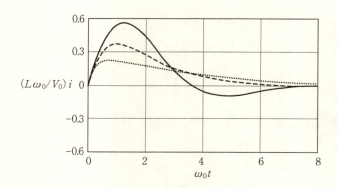

図 6-7　RLC 回路の過渡電流
抵抗 B の増大につれて電流は減衰振動（実線），臨界減衰（破線），過減衰（点線）と変化します。

(ii) $\omega^2 = 0$ のとき

$\omega_0 = B/2$ のとき，式 (6.11) は

$$I(s) = \frac{V_0}{L}\frac{1}{s^2 + Bs + (B/2)^2} = \frac{V_0}{L}\frac{1}{\{s + (B/2)\}^2}$$

なので，そのラプラス逆変換は変換表の式⑧から

$$i(t) = \frac{V_0}{L} t e^{-\frac{B}{2}t}$$

となります。一時的に電流は増加しますが，やがて減衰します。臨界減衰です（図 6-7 破線参照）。抵抗 B が強くなり，電流が振動するひまがありません！

(iii) $\omega^2 < 0$ のとき

最後に，抵抗 R が大きく，そこで電流が消費されやすい

第 6 章　天の助け！　超簡単秘技を伝授

$\omega_0 < B/2$ （つまり $-\omega^2 > 0$）の場合（過減衰）を検討してみましょう。電流の減衰が強くなりますね。この場合，式 (6.11) は次のように書き直せます。

$$I(s) = \frac{V_0}{L} \frac{1}{\left(s + \frac{B}{2}\right)^2 - (-\omega^2)}$$

そして，表の式⑬を利用しラプラス変換します。

$$i(t) = \frac{V_0}{L} \frac{e^{-\frac{B}{2}t}}{\sqrt{-\omega^2}} \sinh\left(\sqrt{-\omega^2}\,t\right)$$

抵抗 B がさらに強まり，電流はますます振動できず，ただ減衰するのみです（図 6-7 点線）。

前節で述べたように，この場合分けは，例題 6-2 にも応用できます。複雑な場合分けもこれで終わりました。まさに天の助け！　でしたね。

6.6
天の助けの正体は？
ラプラス変換とラプラス逆変換の定義

このようにラプラス変換の助けを借りれば，かなりの難問までやさしく解けてしまいます。ここで本章を終えてもよいのですが，私たちのために働いてくれた天の助け，ラプラス変換の正体が気になるところですね。なぜ，t の世界から s の世界（ラプラス領域）に移動できるのでしょう？　そして，もとの世界に収穫をもたらすことが自在にできるのでしょう？　ここでは，ラプラス変換とラプラス逆変換の定義を明

かし，その秘密のベールを剝ぎ取ってみたいと思います。

ラプラス変換の正体

まずはラプラス変換です。ある関数 $f(t)$ をラプラス変換する，ということを，数学では

$$L\{f(t)\}$$

と表記します。L はもちろん Laplace の頭文字。そこでいよいよ，ジャーン！ ラプラス変換の定義式の登場です。

$$L\{f(t)\} = \int_0^\infty f(t)e^{-st}\mathrm{d}t = F(s)$$

この定義式に $f(t)$ を代入して積分すれば，変数 t が消え，変数 s に置き換わります。かくして，s ワールドに直行です！ これが「ホップ」の正体なのでした。表 6-1 の式①に相当するものでもあります。

ラプラス逆変換とは？

それでは，「ジャンプ」に相当するラプラス「逆」変換の正体は何でしょうか？ s の関数 $F(s)$ をラプラス逆変換する，ということを数学では

$$L^{-1}\{F(s)\}$$

と表記します。そしてそれは，$s > 0$ のとき，

$$L^{-1}\{F(s)\} = \frac{1}{2\pi i}\int_{u-i\infty}^{u+i\infty} F(s)e^{st}\mathrm{d}s = f(t)$$

と定義されるのです。なんだか難しそうですね。これ以上，

第6章 天の助け！ 超簡単秘技を伝授

深入りしませんからご心配なく。構造的にはラプラス変換 $L\{f(t)\}$ によく似ていますが，変数が逆になっていますから，ラプラス逆変換によりトンネルのかなたの s ワールドから戻ってくることができるのです。

本章の最後に，表 6-1 の式④と⑤を証明してみましょう。

＼ナットク／の例題 6-4

● **ラプラス変換を確かめよう**
(1) ラプラス変換表の式④を証明しなさい。
(2) ラプラス変換表の式⑤を証明しなさい。

【 答え 】(1) $f(t) = 1$ として定義式に代入し，部分積分します。

$$L\{1\} = \int_0^\infty 1 e^{-st} dt$$
$$= -\frac{1}{s}\left[e^{-st}\right]_0^\infty = -\frac{1}{s}\left[e^{-\infty} - e^0\right] = \frac{1}{s}$$

(2) $f(t) = t$ として定義式に代入します。

$$L\{t\} = \int_0^\infty t e^{-st} dt = -\frac{1}{s}\left[te^{-st}\right]_0^\infty + \frac{1}{s}\int_0^\infty e^{-st} dt$$
$$= -\frac{1}{s^2}\left[e^{-st}\right]_0^\infty = -\frac{1}{s^2}\left[e^{-\infty} - e^0\right] = \frac{1}{s^2}$$

ラプラス変換表の各式は，このようにして導かれたものなのです。最後にもう一度，ラプラス変換の多芸多才ぶりを振り返ってみてください。

これで第6章を終わります。本書もほとんど終了です。

―― 要点チェック ――

2階の非斉次形（定係数）微分方程式

$$Ay'' + By' + Cy = F(t)$$

などを，駆動項 $F(t)$ が任意の $t = t_0$ でオン・オフされる場合，ラプラス変換が利用できる。

ホップ： 変換表 6-1 に従ってラプラス変換し，微分方程式を代数方程式にする。

ステップ： 代数方程式を解く。

ジャンプ： 表 6-1 に従ってラプラス逆変換して解を得る。

第 **7** 章

明日への序章

～非線形微分方程式～

目標 ―― 非線形微分方程式の世界をのぞいてみよう。

ザザーッ，ザブーン。海岸に寄せくる波はいつまでも見飽きません。ドックン，ドックン。私たちの心臓は拍動をとおして身体の隅々まで血液を運びます。ドドーンッ！　ドカーン！　火山噴火は脅威ですが，自然界の一大スペクタクルでもあります。実はこれらには共通点があります。海の波，血液のパルス，地底から上昇するマグマ，これらの現象はすべて「非線形」微分方程式で表されるのです。

　ここまで学んだ微分方程式は，ロジスティック方程式などの例外はあるものの，ほとんど1階と2階の「線形」常微分方程式でした。それらだけでもかなり役に立ちますが，実は微分方程式の世界の入り口に過ぎません。常微分方程式にも「非線形」微分方程式が多数存在し，重要な役割を果たしていますし，3階以上の微分方程式もよく使われます。さらに，偏微分方程式とよばれるものも存在します。本章では，本書の最後を飾り，2階の「非線形」常微分方程式を1題だけ解いてみます。

＼ナットク／の例題 7-1

● 空中にロープを張ると？

　同じ高さで，空間的に離れた2点で支えられた綱渡りのロープを想像しましょう。類似例には，電線や送電線などがあります。2点に支えられたロープが示す曲線（**懸垂線**，カテナリーともいいます）は数学的にどのように表されるのでしょう？　もしそれがわかれば，吊り橋の設計にも役立ちそうですね。

第 7 章　明日への序章

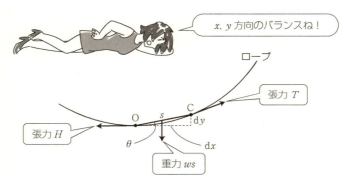

図 7-1　懸垂線を分析すると

【 答え 】図 7-1 のように，2 点間にロープ（またはケーブル）が渡されています。その最低点を O（原点）とし，そこから少し離れた任意の点 C の位置を (dx, dy) とします。すると，線分 OC の長さが $s = \sqrt{(dx)^2 + (dy)^2}$ となり，線分 OC に作用する力の関係から微分方程式が導かれます。線分 OC が水平線となす角度は θ で，ロープの単位長さには重力 w が働くとすると，長さ s の線分 OC に働く重力の大きさは ws になります。

図示されているように線分 OC には，重力に加えて 2 つの「張力」（ロープの隣接する部分から引っ張られる力）が働きます。

> 1. 点 O には水平左向きに張力 H が作用する。成分は
> $$(-H,\ 0)$$
> 2. 点 C には接線方向に張力 T が作用する。
> $$(T\cos\theta,\ T\sin\theta)$$

> **3. 線分 OC の中心に下向きに重力 ws が作用する。**
> $$(0, -ws)$$

これらが釣り合っていますから，各成分の和はゼロになるはずです。したがって，

$$H = T\cos\theta \tag{7.1}$$
$$ws = T\sin\theta \tag{7.2}$$

を得ます。式 (7.2) を式 (7.1) で割ると，ロープの傾きを得ます。

$$\tan\theta = \frac{ws}{H}$$

そして，$\tan\theta = dy/dx$ ですから，

$$\frac{dy}{dx} = \frac{ws}{H}$$

が導かれました。ここで，両辺をさらに x で微分して $s = \sqrt{(dx)^2 + (dy)^2}$ であることを利用すると，

$$\frac{d^2y}{dx^2} = \frac{w}{H}\frac{ds}{dx} = \frac{w}{H}\frac{dx\sqrt{1+\left(\frac{dy}{dx}\right)^2}}{dx}$$

を得ます。これから，次の微分方程式が求められます。

$$\frac{d^2y}{dx^2} = \frac{w}{H}\sqrt{1+\left(\frac{dy}{dx}\right)^2} \tag{7.3}$$

両辺を 2 乗すると，2 階非線形（2 次）微分方程式である

第 7 章 明日への序章

ことがわかります。少々難しそうに見えますが、どう料理できるでしょう？

トリック使えば意外に簡単！

ここで、$p = dy/dx$ と置くと、式 (7.3) は次のようになります。

$$\frac{dp}{dx} = \frac{w}{H}\sqrt{1+p^2}$$

💡 このトリックは、他の非線形微分方程式を解くときにもしばしば有効ですので、記憶しておいてください。

これだけで、もう解けそうなことがおわかりでしょうか？ そう、懐かしい変数分離形です。変数 p を左辺に、変数 x を右辺に分離します。

$$\frac{dp}{\sqrt{1+p^2}} = \frac{w}{H}dx$$

右辺の係数 w/H を a と置き、両辺を積分して、計算を進めましょう。

$$\int \frac{dp}{\sqrt{1+p^2}} = a \int dx$$
$$\ln\left(p + \sqrt{1+p^2}\right) = ax + c' \quad (c' \text{は積分定数})$$

左辺は一見信じられないかもしれませんが、p で微分すると（確かめは少し複雑ですが）正しいことがわかります。自然対数を外すと次式になります。

$$p + \sqrt{1+p^2} = ce^{ax} \quad \left(c = e^{c'}\right) \tag{7.4}$$

また,
$$p - \sqrt{1+p^2} = \frac{-1}{p + \sqrt{1+p^2}} = \frac{-1}{ce^{ax}} \quad (7.5)$$

なので，式 (7.4), (7.5) を足し合わせると，ロープの傾きは

$$p = \frac{dy}{dx} = \frac{1}{2}\left(ce^{ax} - c^{-1}e^{-ax}\right)$$

となります。

さて，c を求めましょう。$x = 0$ では傾き $p = 0$ なので，$c = 1$ となりますね？これで簡単に積分できます。

$$y = \frac{1}{2}\left(\int e^{ax}dx - \int e^{-ax}dx\right) = \frac{1}{2a}\left(e^{ax} + e^{-ax}\right) + C$$

ここで，新たな C も積分定数です。$x = 0$ では $y = 0$ なので，$C = -1/a$ となりますから，懸垂線は

$$y = \frac{1}{2a}\left(e^{ax} + e^{-ax}\right) - \frac{1}{a}$$

または，

$$y = \frac{1}{a}\left\{\cosh(ax) - 1\right\}$$

と表されます。

図 7-2 は ay を ax の関数としてプロットしたものです。$a = w/H$ で，w は力÷長さで，H は力ですから，w/H の次元は（1/長さ）ですので，ax, ay とも無次元化されています。綱渡りのロープというより，縄跳びのロープのように見えるでしょうか？綱渡りのロープの方が張力 H が大きい，すなわち a が小さいからです。同じ長さのロープでも，a が

第 7 章 明日への序章

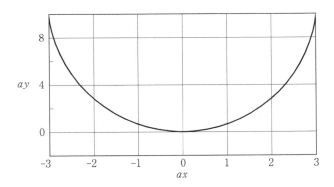

図 7-2 これが懸垂線だ！

小さいと ax の範囲が狭まり，図の中央部付近 ($-1 < x < 1$) に見えるような，比較的強く張られたロープの形状を示すのです。その範囲ですと，送電線のように見えますね。逆に張力が弱くて a が大きいと ax の範囲が広がり，図全体 ($-3 < x < 3$) に見られるような，だらりと垂れた形状を示します。

ここでは，非線形微分方程式がトリックにより簡単に解けましたが，多くの非線形微分方程式は現在，第 1 章で学んだ差分などを利用する数値解析法により解かれ，多方面で人類に役立っています。

本書では微分方程式の入り口，基本部分をご紹介しました。読者の皆さんに，微分方程式，そして学問の面白さを味わっていただけたなら幸いです。最後までお読みくださり，ありがとうございました。

索 引

数字

1階非線形微分方程式　77
2階導関数　16
2階微分方程式　198

アルファベット

n階微分方程式　44
RLC回路　174, 227

あ

アークサイン関数　154
アリストテレス　102
位相図　156
位置エネルギー　141
一般解　46
インパルス　242
運動エネルギー　141
運動の第2法則　12
運動方程式　49
運動量保存則　70
運命の日　80
オームの法則　66

か

解　42
階数　44
階段関数　249
拡散方程式　144
角振動数　165
過減衰　192
加速度　13, 23
カテナリー　258
過渡解　197
過渡現象　177, 190
加法定理　20
ガリレオ　98, 102, 117
慣性抵抗　106
乾性摩擦力　200
規格化条件　167
境界条件　47, 170
共振　213
強制振動　206
共鳴　213
共鳴曲線　213
共鳴振動数　213
キルヒホッフの第2法則　108

クーロン摩擦力　200
限界減衰　192
減衰振動　189, 191
懸垂線　258
固有周波数　246
固有振動数　202
コンデンサー　65, 107

差分　17
シグモイド曲線　89
次元　220
次数　45
指数関数　56, 76, 103
システム　90
自然対数の底　81
時定数　68, 110
シミュレーション　10, 90
自由振動　206
従属変数　55
終端速度　102
自由落下　48
重力加速度　48
瞬間加速度　14
小減衰　191
常微分方程式　48
初期条件　47

自励振動　199
『塵劫記』　58
『人口論』　59
振幅倍率　212
ステップ関数　249
正規化条件　167
斉次式　95
関孝和　24
積分　26
積分記号　30, 31
積分定数　26, 46
線形　45, 54
線形微分方程式　45

大減衰　192
対数関数　75
楕円関数　164
ダフィング方程式　221
単位関数　249
単振動　153
弾性定数　149
炭素同位元素14　60
単調和振動　153
単振り子　207
ツィオルコフスキーの公式　75
抵抗　99, 105

抵抗係数　103
定数変化法　125, 134
定積分　30
デルタ関数　243
導関数　15
等速度運動　13
特殊解　46
独立変数　55
特解　46
トリチェリ　117
トリチェリの法則　117

ニュートン　24
任意定数　26
ネピア数　81
粘性抵抗　105

波数　169
波動関数　167
波動方程式　166
バネ定数　149
バネ振り子　184
半減期　61
非斉次式　98, 125
非線形微分方程式　45

微分　15
微分方程式　40, 42, 135
フックの法則　149
不定積分　31
部分分数分解　84
『プリンキピア』　70
平均加速度　13
平均変化率　17
平衡点　183
ヘビサイド関数　249
変数分離法　55, 91
偏微分　47
偏微分方程式　47
崩壊率　61
放射性崩壊　60
方程式　42
棒振り子　163
保存系　156

摩擦抵抗　105
マルサス　59
無次元化　220

ライプニッツ　24
ラプラス　232

ラプラス逆変換　236, 254
ラプラス変換
　235, 236, 237, 254
力学的エネルギー　141, 156
離散的　171
リビー　64
量子力学　166

臨界減衰　192
臨界速度　102
臨界点　192
ロケット　69, 128
ロジスティック微分方程式　83
ロピタルの定理　196

N.D.C.413.6　268p　18cm

ブルーバックス　B-2069

今日から使える微分方程式　普及版
例題で身につく理系の必須テクニック

2018年8月20日　第1刷発行
2023年8月7日　第7刷発行

著者	飽本一裕（あきもとかずひろ）
発行者	髙橋明男
発行所	株式会社講談社 〒112-8001 東京都文京区音羽2-12-21
電話	出版　03-5395-3524 販売　03-5395-4415 業務　03-5395-3615
印刷所	（本文表紙印刷）株式会社KPSプロダクツ （カバー印刷）信毎書籍印刷株式会社
製本所	株式会社KPSプロダクツ

定価はカバーに表示してあります。
©飽本一裕　2018, Printed in Japan
落丁本・乱丁本は購入書店名を明記のうえ、小社業務宛にお送りください。
送料小社負担にてお取替えします。なお、この本についてのお問い合わせは、ブルーバックス宛にお願いいたします。
本書のコピー、スキャン、デジタル化等の無断複製は著作権法上での例外を除き禁じられています。本書を代行業者等の第三者に依頼してスキャンやデジタル化することはたとえ個人や家庭内の利用でも著作権法違反です。
R〈日本複製権センター委託出版物〉複写を希望される場合は、日本複製権センター（電話03-6809-1281）にご連絡ください。

ISBN978-4-06-512904-3

発刊のことば

科学をあなたのポケットに

二十世紀最大の特色は、それが科学時代であるということです。科学は日に日に進歩を続け、止まるところを知りません。ひと昔前の夢物語もどんどん現実化しており、今やわれわれの生活のすべてが、科学によってゆり動かされているといっても過言ではないでしょう。

そのような背景を考えれば、学者や学生はもちろん、産業人も、セールスマンも、ジャーナリストも、家庭の主婦も、みんなが科学を知らなければ、時代の流れに逆らうことになるでしょう。ブルーバックス発刊の意義と必然性はそこにあります。このシリーズは、読む人に科学的に物を考える習慣と、科学的に物を見る目を養っていただくことを最大の目標にしています。そのためには、単に原理や法則の解説に終始するのではなくて、政治や経済など、社会科学や人文科学にも関連させて、広い視野から問題を追究していきます。科学はむずかしいという先入観を改める表現と構成、それも類書にないブルーバックスの特色であると信じます。

一九六三年九月

野間省一

ブルーバックス　技術・工学関係書 (I)

番号	タイトル	著者
1817	東京鉄道遺産	小野田滋
1797	古代日本の超技術 改訂新版	志村史夫
1717	図解 地下鉄の科学	川辺謙一
1696	図解 ジェット・エンジンの仕組み	吉中司
1676	図解 橋の科学	土木学会関西支部=編 田中輝彦/渡邊英一 他
1660	図解 電車のメカニズム	宮本昌幸=編著
1624	コンクリートなんでも小事典	土木学会関西支部=編 井上晋 他
1573	手作りラジオ工作入門	西田和明
1553	図解 つくる電子回路	加藤ただし
1545	高校数学でわかる半導体の原理	竹内淳
1520	図解 鉄道の科学	宮本昌幸
1483	新しい物性物理	伊達宗行
1469	量子コンピュータ	竹内繁樹
1452	流れのふしぎ	石綿良三/根本光正=著 日本機械学会=編
1396	図解 ヘリコプター	木村英紀
1346	制御工学の考え方	鈴木英夫
1236	図解 飛行機のメカニズム	山田克哉
1128	原子爆弾	高橋尚久
1084	図解 わかる電子回路	見城尚志
911	電気とはなにか	室岡義広
495	人間工学からの発想	小原二郎
1845	古代世界の超技術	志村史夫
1866	暗号が通貨になる「ビットコイン」のからくり	吉本佳生
1871	アンテナの仕組み	西田宗千佳
1879	火薬のはなし	小暮裕明/小暮芳江
1887	小惑星探査機「はやぶさ2」の大挑戦	松永猛裕
1909	飛行機事故はなぜなくならないのか	山根一眞
1938	門田先生の3Dプリンタ入門	青木謙知
1940	すごいぞ！ 身のまわりの表面科学	門田和雄
1948	すごい家電	日本表面科学会
1950	実例で学ぶRaspberry Pi電子工作	西田宗千佳
1959	図解 燃料電池自動車のメカニズム	金丸隆志
1963	交流のしくみ	川辺謙一
1968	脳・心・人工知能	甘利俊一
1970	高校数学でわかる光とレンズ	竹内淳
2001	人工知能はいかにして強くなるのか？	小野田博一
2017	人はどのようにして鉄を作ってきたか	永田和宏
2035	現代暗号入門	神永正博
2038	城の科学	萩原さちこ
2041	時計の科学	織田一朗
2052	カラー図解 はじめる機械学習 Raspberry Piで	金丸隆志

ブルーバックス　技術・工学関係書（Ⅱ）

- 2056　新しい1キログラムの測り方　臼田 孝
- 2093　今日から使えるフーリエ変換　普及版　三谷政昭
- 2103　我々は生命を創れるのか　藤崎慎吾
- 2118　道具としての微分方程式　偏微分編　斎藤恭一
- 2142　ラズパイ4対応　カラー図解　最新Raspberry Piで学ぶ電子工作　金丸隆志
- 2144　5G　岡嶋裕史
- 2172　スペース・コロニー　宇宙で暮らす方法　向井千秋監修・東京理科大学スペース・コロニー研究センター編著
- 2177　はじめての機械学習　田口善弘